高性能温拌环氧沥青的
开发及其混合料力学性能研究

张平 杨侣珍 黄拓 袁臻 杨毅 李宇峙 ◎ 著

GAOXINGNENG WENBAN
HUANYANG LIQING DE
KAIFA JIQI HUNHELIAO LIXUE XINGNENG YANJIU

中南大学出版社
WWW.csupress.com.cn
·长沙·

图书在版编目(CIP)数据

高性能温拌环氧沥青的开发及其混合料力学性能研究／
张平等著. —长沙：中南大学出版社，2023.7
ISBN 978-7-5487-5330-8

Ⅰ. ①高… Ⅱ. ①张… Ⅲ. ①沥青－环氧复合材料
－研究 Ⅳ. ①TE626.8

中国国家版本馆 CIP 数据核字（2023）第 062447 号

高性能温拌环氧沥青的开发及其混合料力学性能研究

GAOXINGNENG WENBAN HUANYANG LIQING DE KAIFA JIQI HUNHELIAO LIXUE XINGNENG YANJIU

张平　杨侣珍　黄拓　袁臻　杨毅　李宇峙　著

□ 出 版 人	吴湘华
□ 责任编辑	韩　雪
□ 封面设计	李芳丽
□ 责任印制	唐　曦
□ 出版发行	中南大学出版社

　　　　　　社址：长沙市麓山南路　　　　邮编：410083

　　　　　　发行科电话：0731-88876770　　传真：0731-88710482

□ 印　　装	长沙创峰印务有限公司

□ 开　　本	710 mm×1000 mm 1/16	□ 印张 10.75	□ 字数 186 千字
□ 版　　次	2023 年 7 月第 1 版	□ 印次 2023 年 7 月第 1 次印刷	
□ 书　　号	ISBN 978-7-5487-5330-8		
□ 定　　价	68.00 元		

前 言

环氧沥青混合料在钢桥面及路面铺装中得到了广泛的应用。目前，道路工作者对环氧沥青混合料力学性能的研究逐渐深入。为了适应这一发展需要，本书系统地总结了该领域的研究成果，供高校师生和设计人员参考应用。

本书共分7章，第1章总结了环氧沥青的国内外研究概况，提出了环氧沥青的制备和应用过程中的主要问题；第2章开展了环氧沥青原材料的选择、材料配比优化、制备工艺、性能试验等工作；第3章对环氧沥青流变行为进行了研究，包括化学流变行为、时间和温度对环氧沥青凝胶化过程的动力学模拟等；第4章分析了环氧沥青的拉伸性能和黏弹性力学模型；第5章对环氧沥青混合料路用性能进行研究，包括温度稳定性、水稳定性和疲劳性能的研究；第6章对环氧沥青混合料施工性能开展研究，包括低温抗裂试验、环氧沥青混合料施工容留时间和强度增长特性等；第7章对全书内容进行了总结，提出了关于下一步研究的展望。全书是在李宇峙教授的悉心指导下，在长沙理工检测咨询有限责任公司同仁的支持下，由张平统稿、执笔完成，黄拓参与了全书的编写工作。

本书在内容组织方面的最大特点是首先提出环氧沥青的制备方法和技术要求，确定原材料类型，然后通过正交试验确定环氧沥青各组分的配比，据此建立理论模型并对环氧沥青混合料的力学行为进行模拟。在试验成果的介绍中，本书与读者分享了大量宝贵的试验数据，为环氧沥青混合料材料及结构的一体化设计提供了试验依据和理论参考。但由于环氧沥青混合料的力学特性非常复杂，其强度试验结果的离散性较大，再加之以往关于其流变特性和力学性能的研究成果非常有限，所以有些试验数据难免与真实值会有差别。如有不当，敬请各位读者批评指正，以便去芜存菁、去伪存真，提高我们的认识水平。

本书依托国家自然科学基金面上项目"复杂应力状态下沥青混合料黏弹塑性本构关系及车辙预估研究"（52178415）、湖南省自然科学基金优秀青年项目"沥青路面材料参数研究"（2021JJ20042）、国家重点研发计划项目"道面设施寿命增强与性能提升技术"（2021YFB2601200）的部分研究成果撰写而成。

由于作者水平有限，书中的错误在所难免，恳请各位专家和读者不吝赐教，批评指正。

编　者

2023 年 2 月

目 录

第1章 绪论 /1

1.1 问题的提出及研究意义 /1

1.2 国内外研究概况 /4

    1.2.1 国外研究概况 /5

    1.2.2 国内研究概况 /8

1.3 环氧沥青的制备和应用过程中的主要问题 /12

1.4 本书主要研究内容和研究技术路线 /13

    1.4.1 主要研究内容 /13

    1.4.2 研究技术路线 /15

第2章 环氧沥青的开发与制备 /16

2.1 环氧沥青的开发技术要求 /16

2.2 环氧沥青的制备 /19

    2.2.1 原材料的选择 /19

    2.2.2 环氧沥青材料配比的研究 /26

    2.2.3 环氧沥青制备工艺的确定 /42

2.3 环氧沥青性能试验结果 /45

2.4 环氧沥青电镜扫描结果分析 /46

2.5 环氧沥青经济性能分析 /48

2.6　小结　　　　　　　　　　　　　　　　　　　　　　　　　　/49

第3章　环氧沥青流变行为研究　　　　　　　　　　　　　　　/51

3.1　环氧沥青的化学流变行为　　　　　　　　　　　　　　　　/51

3.2　时间和温度对环氧沥青流变行为的影响　　　　　　　　　　/54

　　3.2.1　反应时间对体系黏度的影响　　　　　　　　　　　　/54

　　3.2.2　反应温度对体系黏度的影响　　　　　　　　　　　　/57

3.3　环氧沥青凝胶化过程动力学模拟　　　　　　　　　　　　　/58

3.4　不同温度下的环境沥青凝胶时间　　　　　　　　　　　　　/61

3.5　环氧沥青的动态流变行为　　　　　　　　　　　　　　　　/64

　　3.5.1　应变对材料流变行为的影响　　　　　　　　　　　　/64

　　3.5.2　温度对材料流变行为的影响　　　　　　　　　　　　/66

　　3.5.3　频率对材料流变行为的影响　　　　　　　　　　　　/72

3.6　小结　　　　　　　　　　　　　　　　　　　　　　　　　/79

第4章　环氧沥青力学性能研究　　　　　　　　　　　　　　　/81

4.1　环氧沥青拉伸性能研究　　　　　　　　　　　　　　　　　/81

4.2　环氧沥青黏弹性研究　　　　　　　　　　　　　　　　　　/83

　　4.2.1　黏弹性的理论模型　　　　　　　　　　　　　　　　/83

　　4.2.2　低温蠕变柔量　　　　　　　　　　　　　　　　　　/88

　　4.2.3　高温蠕变恢复　　　　　　　　　　　　　　　　　　/98

4.3　小结　　　　　　　　　　　　　　　　　　　　　　　　　/108

第5章　环氧沥青混合料路用性能研究　　　　　　　　　　　　/110

5.1　环氧沥青混合料的级配设计研究　　　　　　　　　　　　　/110

　　5.1.1　集料级配对环氧沥青混合料性能的影响　　　　　　　/110

　　5.1.2　沥青用量对环氧沥青混合料性能的影响　　　　　　　/113

5.2　环氧沥青混合料温度稳定性研究　　　　　　　　　　　　　/114

　　5.2.1　环氧沥青混合料高温稳定性研究　　　　　　　　　　/114

　　5.2.2　环氧沥青混合料低温性能研究　　　　　　　　　　　/117

　　5.2.3　环氧沥青混合料线收缩性能研究　　　　　　　　　　/121

5.3　环氧沥青混合料水稳定性研究　　　　　　　　　　/122

5.4　环氧沥青混合料疲劳性能研究　　　　　　　　　　/124

　　5.4.1　疲劳性能试验参数设计　　　　　　　　　　/124

　　5.4.2　试验方案　　　　　　　　　　　　　　　　/125

　　5.4.3　疲劳试验结果分析　　　　　　　　　　　　/127

5.5　小结　　　　　　　　　　　　　　　　　　　　　/133

第6章　环氧沥青混合料施工性能研究　　　　　　　　　/135

6.1　制备工艺对环氧沥青混合料性能的影响研究　　　　/135

　　6.1.1　制备工艺的确定　　　　　　　　　　　　　/136

　　6.1.2　试验结果与分析　　　　　　　　　　　　　/136

6.2　低温抗裂试验　　　　　　　　　　　　　　　　　/138

6.3　环氧沥青混合料施工容留时间研究　　　　　　　　/139

6.4　环氧沥青混合料强度增长特性研究　　　　　　　　/145

6.5　小结　　　　　　　　　　　　　　　　　　　　　/149

第7章　结论与展望　　　　　　　　　　　　　　　　　/151

7.1　主要结论　　　　　　　　　　　　　　　　　　　/151

7.2　主要创新点　　　　　　　　　　　　　　　　　　/153

7.3　展望和建议　　　　　　　　　　　　　　　　　　/154

参考文献　　　　　　　　　　　　　　　　　　　　　　/154

第 1 章

绪　论

1.1　问题的提出及研究意义

随着我国现代化公路基础设施建设规模逐渐扩大，桥梁建设事业也取得了突飞猛进的发展，越来越多的大跨径桥梁相继建成并投入运营，如江阴长江公路大桥、海沧大桥、南京八卦洲长江大桥、润扬长江公路大桥、平胜大桥、荆岳长江大桥、杭州湾跨海大桥、崇启大桥等一系列大跨径桥梁。

大跨径桥梁主要采用悬索桥和斜拉桥两种桥型，其主跨加劲梁普遍采用了扁平流线型钢箱梁的构造形式。该构造型式具有跨度大、自重轻、行驶性能好等优点，还能增强桥梁的抗风性和抗扭刚度。钢桥面板一般由钢板、纵向加劲肋及横向加劲肋、横隔板构成，这种结构会导致桥面板在纵横垂直方向上的刚度各异，故也称此种桥面板为正交异性钢桥面板。

正交异性钢桥面板沥青混合料铺装在国际上一直是一个研究的热点和难点，这是由于钢桥面铺装层直接铺筑于大跨径正交异性钢桥面板上，而正交异性钢桥面板柔度大，在车辆荷载、风载、温度变化及地震等因素影响下，其受力和变形较公路路面复杂得多，在正交异性钢桥面板顶部、各纵向加劲肋、横向加劲肋与桥面板搭接处会出现应力集中现象，尤其是在重型车辆荷载作用下，其顶部的局部应力、变形更大。这导致钢桥面铺装层受力更加复杂，具有一般沥青路面所没有的特点。

(1)受力模式不同：普通沥青混凝土路面铺筑于基层上，铺装结构从下往上依次是土基、路面基层、路面面层。沥青混凝土路面内最大弯拉应力出现在沥青面层底,且层底弯拉应变较小,现行《公路沥青路面设计规范》(JTG D50—2017)中,并未将沥青面层底的弯拉应变作为设计控制指标。钢桥面铺装层直接铺筑于钢桥面板上,由于钢桥面板柔度大,会导致铺装层变形大,且钢桥面板具有肋式结构,相对于路面铺装来说,钢桥面铺装是一种倒置结构,最大拉应力或拉应变出现在铺装层顶,其最大弯拉应变比沥青路面层底弯拉应变大得多。铺装层顶沥青混凝土铺装由于抗弯拉应变能力不足引起的沿纵桥向的裂缝是钢桥面铺装的一种典型破坏形式。

(2)使用环境不同:普通沥青混凝土路面结构每天经历的最高温和最低温与环境温度相当,且温度的变化幅度较窄。而对于钢箱梁结构桥面铺装,在高温环境下,其封闭钢箱梁板顶的温度较环境温度高出 30~35℃,在夏季高温时段能高达 60~70℃;在低温环境下,钢箱梁板顶的温度接近环境最低温度,导致铺装层温度变化幅度较普通沥青混凝土路面大得多。

(3)层间界面抗剪切问题更为突出:钢桥面铺装层的厚度较普通沥青混凝土路面薄,桥面铺装材料的模量与钢板模量相差大,在由车辆荷载引起的剪切应力的扩散过程中,铺装材料会与钢板界面发生突变,产生较大的层间剪应力,可能会导致层间黏结失效破坏;普通沥青混凝土路面,由于各层间的模量变化不大,且路面结构层厚度大,故由车辆荷载引起的剪切应力的扩散过程较为连续,对普通沥青混凝土路面结构层间的影响较小。

(4)密实性要求不同:钢桥面铺装层厚度薄,且直接铺装于钢桥面板上。而钢桥面板受到水的侵蚀易发生锈蚀,会严重影响钢桥面板的使用寿命,且锈蚀产生的锈胀也严重降低了钢桥面铺装与钢桥面板间的黏结力,导致钢桥面铺装层遭到破坏。所以,对钢桥面铺装层的密实性要求较普通沥青混凝土高。

因此,钢桥面沥青混凝土铺装层主要应满足以下条件。

(1)铺装层应备足够的变形适应性和良好的抗疲劳开裂能力。

钢桥面板在车辆荷载作用下,引起的局部变形量大,铺装层应能追随钢桥面一起变形,避免由于变形协同性差引起的铺装层与钢桥面板的层间黏结失效;且在最不利的温度条件下,铺装层能抵抗行车荷载反复作用引起的疲劳开裂。

(2)铺装层应具有良好的温度稳定性。

在高温环境下,铺装层结构内部温度更高,且由于行车荷载作用,为了避免产生车辙和推移破坏,要求铺装层的高温稳定性好;在低温环境下,铺装层混合料劲度模量变大，弯曲变形能力降低，为了抵抗行车荷载引起的铺装层顶的局部变形，要求铺装层混合料具有一定的变形能力。为了避免因为温度变化幅度大导致的铺装层和钢桥面板由于收缩变形相差较大引起的层间剪应力过大问题，要求铺装层应与钢桥面板的温度收缩系数相差不大。

（3）铺装层层间及铺装与钢桥面板间应具有良好的层间结合能力。

铺装层层间及铺装与钢桥面板间层间结合失效是钢桥面铺装的主要破坏形式之一，因此铺装层层间黏结力应大于行车荷载及其他因素下产生的剪切应力。

（4）铺装层应具有良好的防水防渗透性能。

钢桥面铺装层应具有密实的结构，其与钢板间的黏结层应能抵抗雨水、油污、酸碱溶液侵蚀等因素的影响。

（5）铺装层应具有优良的抗滑、耐磨性能。

从行车安全方面考虑，铺装层在结构密实的前提下，应具有较大的构造深度和 BPN 值，要求其结合料与集料的抗剥落性能较好。

目前，正交异性钢桥面铺装层从铺装材料和施工方法角度来考虑，分为以下三类。

（1）浇注式沥青混合料（gussasphalt）：此类型混合料的密实性能好，不仅具有较好的防水防渗性能，还具有良好的变形适应性及抵抗疲劳开裂的能力。由于正交异性钢桥面铺装层属于密级配的铺装结构，提高其高温稳定性是桥面铺装中需要解决的问题之一。

（2）沥青玛蹄脂碎石混合料（SMA）：此类型混合料属于骨架密实结构的铺装材料，具有"三多一少"的特点，即沥青、纤维、矿粉多，细集料少。沥青、纤维、矿粉构成的沥青胶浆填充在粗集料构成的骨架结构中。

（3）环氧沥青混合料（epoxy asphalt）：此类型混合料不同于热塑性的普通沥青混凝土铺装材料，它是由沥青、环氧树脂和固化剂及其他添加剂构成，经过固化反应形成的热固性材料，具有优良的强度、高温稳定性和抗水损害能力。

在钢桥面沥青铺装层使用过程中产生的主要病害类型如下：车辙、推移、纵横向裂缝、黏结层失效或脱层。对于浇注式沥青混合料，纵向裂缝、车辙是其主要病害类型；对于沥青玛蹄脂碎石混合料，其主要病害形式为开裂、推移和脱层；对于环氧沥青混合料，由于其具有优良的高温稳定性和抗疲劳开裂能力，在工程应用中使用效果较好，越来越多的大跨径钢桥采用环氧沥青混凝土铺装,如南京大胜关长江大桥、润扬长江公路大桥、平胜大桥、崇启大桥等。

环氧沥青混凝土优良的性能是由作为结合料的环氧沥青的性能所决定的。不同于一般改性沥青的热塑性,环氧沥青由于其特殊的热固性,其固化产物较普通沥青有更高的拉伸强度、软化点、针入度,能够满足钢桥面铺装、超重载交通路段、长大纵坡爬坡车道等对铺装材料的性能要求,应用前景广泛。但是目前我国环氧沥青铺装材料多采用进口的环氧沥青,如:南京八卦洲长江大桥、润扬长江公路大桥、平胜大桥采用的是美国环氧沥青,港珠澳大桥采用日本环氧沥青。进口环氧沥青的单价是普通沥青的数倍以上,导致建设成本增加,难以大面积地推广应用。而且在环氧沥青的研发过程中,存在不少的技术难点。①沥青和环氧树脂的相容性:沥青作为非极性物质,环氧树脂作为极性物质,两种极性不同的物质不能直接互溶,两者混合后的相容性及贮存稳定性都极大地影响着环氧沥青混合料的性能;②固化剂和各种添加剂的确定:通过选用合适的固化剂和添加剂来保证环氧沥青混合料具有优良的路用性能和施工性能。这些关键技术许多国家都严格保密,或者都申请了产品专利。此外,在环氧沥青混凝土钢桥面铺装使用过程中,由于环氧沥青混凝土脆性较大、柔韧性不足,所引起的铺装层开裂、疲劳裂缝及层间黏结失效破坏现象也屡见不鲜。因此,研发出具有自主知识产权的性能优良、经济合理的环氧沥青,确定出最合理的环氧沥青制备、施工方案,对于环氧沥青材料在我国大范围应用具有十分重要的意义。

1.2 国内外研究概况

环氧沥青材料是20世纪50年代末首先由壳牌石油公司研制出来的,在热塑性沥青中加入树脂、固化剂等,经过固化反应,生成了具有热固性的环氧沥青材料。随后各国学者对热固性环氧沥青材料从组分、制备方法、性能等方面进行了深入的研究,我国对环氧沥青进行相关研究始于20世纪90年代。国内外对环氧沥青研究的概况分别综述如下。

1.2.1 国外研究概况

环氧沥青材料是在 20 世纪 50 年代末由壳牌石油公司研制出来的，其研发该产品是为了抵抗飞机燃油和高温气流对机场道面的破坏。

1961 年，Mika 等采用松焦油作为相溶剂，制备了一种环氧树脂改性沥青材料。Bradely、Simpson 等研制了单组分的环氧树脂改性沥青材料。1979 年，Hayashi 等提出了双组分环氧树脂改性沥青材料，其中 A 组分为环氧树脂，B 组分为经过酸酐化的沥青和胺类环氧树脂固化剂。但是，酸酐和胺类容易相互反应大大降低了结构的稳定性。同年，Doi Takahashi 等提出了另外一种双组分环氧树脂改性沥青材料，其中 A 组分为石油沥青，B 组分为环氧树脂和固化剂的混合产物，但是，该沥青材料仍然没有很好地解决组分稳定性的问题。Gallagher 等提出了比较明确的热固性环氧沥青概念。Herrington P R 等提出了采用马来酸酐将沥青酸酐化的处理方法，酸酐化的沥青能改善与环氧树脂的相容性。

鉴于环氧沥青优良的抗高低温性能，国外在 20 世纪 60—70 年代就开始推广将环氧沥青混合料作为铺面材料。1967 年，美国的 Adhensive 工程公司得到壳牌石油公司许可，首次将环氧沥青用于洛杉矶的 San Mateo-Hayward 大桥的正交异性桥面板铺装，且该桥面铺装至今仍在正常使用。壳牌石油公司开发的环氧沥青由两种组分构成，其作为结合料成型的环氧沥青混合料具有较高的强度和温度稳定性。从 Adhensive 工程公司出来的人员组成的 ChemCo Systems 公司为研发出的环氧沥青系列产品申请了专利。Seim 等研究了铺筑于美国加利福尼亚州收费通道上的环氧沥青混合料，通过试验证明了环氧沥青混合料具有良好的耐久性和抗滑耐磨性能。日本北海道大学土木学科的间山正一、菅原照雄在 20 世纪 70 年代对环氧沥青混合料的配制、模量、应力松弛性能、破坏性能进行了研究。日本 Watanabegumi 公司的 W-Epoxy 环氧沥青采用的是柔性环氧树脂，其固化物柔韧性好，具有良好的温度稳定性及抗疲劳开裂性能。

目前，环氧沥青混凝桥面铺装主要应用于大跨径的钢桥上。表 1.1 列出了世界上部分采用环氧沥青混凝土铺装的正交异性钢板桥。

表1.1 部分采用环氧沥青混凝土铺装的正交异性钢板桥

桥名	地点	年份	钢箱梁顶板厚度/mm	铺装厚度/cm
SanMateo-Hayward 桥	圣马迪亚(美国)	1967	14	5.0
San Diego-Coronado 桥	圣地亚哥(美国)	1969	10	1.6~2.5
McKay 桥	哈利法克斯(美国)	1970	10	5.0
Queens Way 桥	Long Beach(美国)	1970	不详	5.0
Fremont 桥	波特兰(美国)	1973	16	1.3~5.1
Costa de Silva 桥	里约热内卢(巴西)	1973	10	1.0~5.0
Mercier 桥	蒙特利尔(加拿大)	1974	10	1.3~2.5
Lions Gate 桥	温哥华(加拿大)	1975	12	1.3~2.5
West Gate 桥	澳大利亚	1976	不详	5.0
Hagestein 桥	荷兰	1980	不详	不详
Luling 桥	新奥尔良(美国)	1983	11	1.9
关渡大桥	台湾(中国)	1983	12	5.0
Ben Franklin 桥	费城(美国)	1986	16	1.9
Golden Gate 桥	旧金山(美国)	1986	16	5.0
Champlain 桥	蒙特利尔(加拿大)	1993	10	1.0
Maritime Off-Ramp 桥	奥克兰(加拿大)	1996	16	7.6
南京八卦洲长江大桥	南京(中国)	2001	14	5.0
桃夭门大桥	舟山(中国)	2003	14	5.0
江阴长江公路大桥(试验段)	江阴(中国)	2003	12	5.0~6.0
润扬长江公路大桥	镇江、扬州(中国)	2004	14	5.5
天津大沽桥	天津(中国)	2004	14	5.0
南京大胜关长江大桥	南京(中国)	2005	14	5.0
平胜大桥	佛山(中国)	2006	16~20	5.0
荆岳长江大桥	荆州、岳阳(中国)	2010	16~20	5.5
崇启大桥	上海、启东(中国)	2011	16	5.5

美国的 ChemCo Systems 公司和日本的 Watanabegumi 公司生产的环氧沥青是目前钢桥面铺装中应用最为广泛的两种产品。美国环氧沥青和日本环氧沥青的原材料、制备工艺各不相同,从而环氧沥青固化物的性能指标也各不相同。

1.2.1.1 美国环氧沥青

美国 ChemCo Systems 公司生产的环氧沥青由两种组分混合制备而成，A 组分为液态双酚 A 型环氧树脂，其由二酚基丙烷和表氯醇经缩聚反应得到；B 组分为固化剂、沥青及其他添加剂混合制成。A、B 组分能很好地互溶。按环氧沥青使用用途的不同可以分为黏结剂(类型 Id)和结合料(类型 V)，不同类型的环氧沥青中，A、B 组分的质量比不同，其生成的固化物对应的性能也各不相同。

在环氧沥青的制备过程中，其对 A、B 组分的温度及共混搅拌的时间都有严格的要求。A 组分要求在混合前加热到(87 ± 5)℃，B 组分要求在混合前加热到(128 ± 5)℃，A、B 组分共混的时间为 5 min，即制备得到环氧沥青。美国不同类型的环氧沥青共混体系及其固化物的性能如表 1.2 所示。

表 1.2　美国不同类型的环氧沥青共混体系及其固化物的性能

指标	类型		试验标准或方法
	Id	V	
质量比(A∶B)	100∶445	100∶585	称量
抗拉强度(23℃)/MPa	8.9	2.6	GB/T 16777—2008
断裂时的延伸率(23℃)/%	≥210	≥220	GB/T 16777—2008
吸水率(7 d, 25℃)/%	0.09	0.12	GB/T 1034—1998
黏度增加至 1 Pa·s 的时间(120℃)/min	34	56	JTJ 052—2000
与钢板的黏结强度(60℃)/MPa	≥2.20	—	拉拔仪法

1.2.1.2 日本环氧沥青

日本 Watanabegumi 公司生产的环氧沥青由三种组分混合制备而成，A 组分为柔性环氧树脂主剂，B 组分为固化剂及其他添加剂，C 组分为基质沥青或改性沥青。根据其使用用途的不同可以分为黏结剂和结合料两种类型。与美国环氧沥青黏结剂不同的是，日本环氧沥青黏结剂不加入沥青材料，为环氧黏结

剂,且 A、B 组分的质量比也与结合料不同。黏结剂 A、B 组分的质量比为
50:50,而结合料 A、B 组分的质量比为 56:44,主剂在环氧体系中所占比例
越高,其生成的环氧固化强度越高,延伸性能就越差。当 A、B 组分混合均
匀后,与沥青材料按质量比 50:50 混合 4 min 制备得到环氧沥青。日本环氧沥
青共混体系及其固化物的性能如表 1.3 所示。

表 1.3 环氧沥青共混体系及其固化物的性能

指标	试验数据	试验标准或方法
抗拉强度(25℃)/MPa	2.4	GB/T 16777—2008
断裂时的延伸率(25℃)/%	≥220	GB/T 16777—2008
吸水率(7 d,25℃)/%	0.16	GB/T 1034-1998
黏度增加至 1 Pa·s 的时间(160℃)/min	>100	JTG/E 20—2011 T0625
热固性(300℃)	不熔化	小试件放置在 300℃的热板上

1.2.2 国内研究概况

20 世纪 90 年代,国内开始将环氧沥青应用于路面裂缝的修补。1995 年,
同济大学的昌伟民教授从配制原理上对环氧沥青材料的选取原则及掺配比例进
行了研究,分析了养生时间、试验温度、不同树脂掺量对环氧沥青混合料力学
性能的影响,并测试评价了环氧沥青混合料的疲劳性能、蠕变性能及弯拉
性能。

2000 年,国内首次在南京八卦洲长江大桥成功实施了环氧沥青混凝土钢桥
面铺装。虽然使用的是由美国 ChemCo Systems 公司生产的环氧沥青,但是东南
大学钢桥面铺装课题组对环氧沥青铺装施工工艺及铺装材料路用性能进行了深
入研究,环氧沥青路用性能的试验结果表明此种材料能够很好地满足南京八卦
洲长江大桥对铺装材料的要求。随着环氧沥青混凝土在钢桥面铺装中的成功应
用,国内学者对环氧沥青这种新型铺装材料的制备及其路用性能进行了大量的
研究,并取得了一系列的成果。

为了解决环氧树脂和沥青两者的相容性差的问题,亢阳提出了采用马来酸
酐改性沥青,两者在一定的抽真空条件下发生了 Dies-Alder 反应,顺酐化的沥

青与其他酸酐类固化剂的酸酐键打开形成羧酸负离子,然后与环氧基发生交联反应,能改善沥青与环氧树脂的相容性。

由于顺酐化与沥青的反应率一般为 50%~60%,残留的顺酐易挥发影响环境,贾辉通过加入脂肪族多元醇将游离的顺酐转化为特定的功能聚合物,消除了刺激性气味,与未加入脂肪族多元醇的环氧沥青相比提高了环氧沥青的黏结性能。

黄坤制备了一种环氧相溶剂,具有一端亲沥青一端亲环氧树脂的特性,并在环氧沥青共混体系中起乳化作用,不需要对沥青进行改性,也不需要限定沥青的种类。

陈栋等采用蓖麻油酸与环氧树脂反应制备增容剂前驱体,然后将增容剂前驱体在一定的条件下半环氧化,得到增容剂。通过增容剂的红外光谱图发现其既含有碳碳双键,又含有环氧基基团。通过环氧沥青的离析试验证明,此种增容剂能有效地改善沥青的离析现象。通过电镜扫描,发现加入增容剂后环氧树脂颗粒在沥青中分布均匀,颗粒粒径较未掺入增容剂时明显减小。

晏英使用有机蒙脱土(OMMT)改性环氧沥青,采用反应性熔融共混法制成复合改性环氧沥青。通过 X 射线衍射和荧光显微镜对复合改性环氧沥青的微观结构进行了表征,试验结果表明,OMMT 能改善环氧树脂和沥青的相容性,提高材料的拉伸强度、高温稳定性和降低材料的温度敏感性。

为了改善环氧沥青混合料的韧性,国内主要从两个方面进行了研究:①通过增强环氧沥青材料的柔韧性来改善混合料的柔韧性;②通过往环氧沥青混合料中添加增柔增韧物质来改善混合料的韧性。

周威通过合成一种长链脂肪族二元羧酸作为主体固化剂来使环氧沥青固化体系增柔,并对增柔后的环氧沥青进行了微观结构和力学性能分析。结果表明,柔性固化体可以有效地提高环氧沥青的断裂伸长率和低温收缩率,但是拉伸强度和黏结强度有所下降。

丛培良将苯乙烯-丁二烯-苯乙烯三元嵌段共聚物通过物理共混的方式加入基质沥青中,用于改善环氧沥青的柔韧性。选用甲基六氢邻苯二甲酸酐(MTHPA)作为环氧沥青固化剂,制备环氧沥青,并研究了固化温度、固化时间和不同树脂掺量对环氧沥青流变性能及混合料路用性能的影响,提出了树脂的最佳掺量为 30%。

张争奇采用在环氧沥青混凝土中添加橡胶颗粒和聚酯纤维的方式来提高其

柔性和韧性。研究结果表明，橡胶颗粒在与环氧沥青形成的共混体系中通过银纹作用显著提高了混合料的柔性性能，而掺入聚酯纤维后，环氧沥青混凝土中形成的结构沥青和纤维网共同作用，大大提高了混合料的韧性性能。

钱振东通过往环氧沥青中添加短切玄武岩纤维（BFCS）来提高环氧沥青混合料的低温抗裂性。研究结果表明，环氧沥青中添加 BFCS 后，容留时间有所缩短，断裂延伸率和抗拉强度在掺量不大于 6% 时则均有所提高，而在掺量为 4% 时 BFCS 改性环氧沥青混合料的抗弯拉强度、最大弯拉应变和弯曲应变能密度临界值均明显提高，表现出较高的低温强度和较好的低温变形能力。

对于环氧沥青混合料的路用性能，闵召辉对环氧沥青混合料的蠕变特性进行了研究，表明环氧沥青混合料的蠕变柔量较低，在荷载作用下，蠕变变形速率比普通沥青混合料低，也比普通沥青混合料具有更好的抵抗荷载变形的能力；罗桑对环氧沥青混凝土铺装从渗水性能、抗滑性能、抗松散性能及表面纹理特征四个方面进行了试验研究，试验结果表明环氧沥青的密水性能、抗滑性能及行车舒适性能均满足钢桥面铺装的要求。

罗桑通过对环氧沥青混合料在不同应变与温度下的疲劳试验结果分析，提出了环氧沥青混合料初始模量仅与温度相关，在 10℃、20℃、30℃ 时，$600\mu\varepsilon$ 条件下均不会发生疲劳破坏，采用威布尔函数形式分析环氧沥青混合料疲劳曲线，预估了环氧沥青混合料在不同应变与温度下的疲劳寿命。

薛连旭通过有限元计算，发现铺装层的模量变化对于铺装层表面横向拉应变有显著的影响，铺装层在车辆荷载反复作用下会发生疲劳破坏，因此它提出了通过粗骨料空隙填充法（CAVF）的级配设计方法来解决环氧沥青混凝土的疲劳耐久性；提出了冲击韧性与混合料的疲劳性能有很好的线性相关性，冲击韧性值越大，疲劳性能越强，可以通过冲击韧性指标来评价环氧沥青混合料疲劳性能。

关于环氧沥青混凝土的施工工艺，闵召辉对环氧沥青固化反应过程中体系黏度与温度、时间的关系进行了研究，建立了环氧沥青固化过程的流变模型，通过试验得到了模型中各参数的值，预测了不同温度下黏度随时间增长的情况；考虑实际施工时的温度变化，提出了碾压过程中黏度增长的修正模型，与室内恒温体系的黏度相比，初压前两者区别不大，初压后体系黏度增长缓慢，以体系黏度 ≤280 cP 作为控制环氧沥青混合料碾压的要求值，则初压后环氧沥青混合料可压实时间比在恒温条件下延长了 30 min，松铺后混合料可压实时间比在恒温条件下延长了约 60 min。

罗桑对环氧沥青固化过程中的体系黏度进行了研究，采用 Arrhenius 方程获得了环氧沥青的黏度增长模型，提出环氧沥青混合料允许施工的体系黏度值为 1~3 Pa·s。

黄明研究了摊铺等待时间对环氧沥青混凝土的抗高温、疲劳和抗水损害性能的影响。研究结果表明，摊铺时间在 30 min 内对混合料的性能几乎没有影响，当摊铺时间超过 80 min 时混凝土性能急剧下降，从而提出环氧沥青混凝土的摊铺时间要≤60 min。

关于环氧沥青混凝土的强度形成及预测，曹雪娟通过对环氧沥青在不同升温速率下的动态 DSC 曲线采用 Friedman 法进行热动力学分析，建立了环氧固化反应模型，得到了不同温度下的环氧沥青体系的固化时间和固化程度。

钱振东研究了环氧沥青混合料的强度形成机理，发现环氧沥青混合料的强度受混合料容留时间和养生温度的影响。在容留时间范围内成型的试件强度大于超过容留时间成型的试件强度；在 120℃ 条件下，环氧沥青混合料的容留时间为 30~70 min；采用 Kissinger 法分析了环氧沥青结合料在不同升温速率下的动态 DSC 曲线，通过非线性回归法得到了热动力学模型的关键参数，建立了环氧沥青的固化反应模型。

综上所述，目前国内外对环氧沥青混合料的路用性能已经日益了解，随着试验设备的升级，其研究方法也日趋先进，与现场实际情况更贴合；对于环氧沥青材料增柔增韧方面的研究仍处于起步阶段，用于改善环氧沥青及其混合料柔韧性的方法，如添加橡胶粉、玄武岩纤维对沥青进行增柔改性会对混合料柔韧性的提高能起到一定的效果，但是也较大影响了环氧沥青的容留时间和混合料路用性能，因此在保证环氧沥青有足够施工容留时间和混合料具有优良路用性能的前提下，改善环氧沥青的柔韧性仍是我们急需解决的问题。随着增强材料柔韧性能的各类核壳聚合物、热致液晶聚合物、纳米粒子材料等的不断改进，从复配固化剂、制备相溶剂、添加助剂、掺加聚合物改性材料等方面来制备路用性能优良的国产环氧沥青，具有重要的理论意义和应用价值。

1.3　环氧沥青的制备和应用过程中的主要问题

（1）环氧树脂与沥青的相容性

环氧树脂和沥青都属于高分子物质，高分子物质间的相容性与其材料的溶解度参数和介电常数有关。对于溶解度参数，一般认为当材料间的溶解度参数≤1.5时，材料能够较好地相容；当材料间的溶解度参数大于1.5时，材料的相容性较差，只能够部分相容。环氧树脂的溶解度参数为10.36左右，沥青的溶解度参数为8.66左右，两者相差1.7左右，相容性较差。从极性方面考虑，根据相似相溶原理，极性物质一般与极性物质互溶，非极性物质与非极性物质互溶。极性物质介电常数大于3.6，弱极性物质介电常数介于2.8~3.6，非极性物质介电常数小于2.8。环氧树脂的介电常数为3.9左右，属于极性材料，沥青的介电常数为2.6~3.0，属于非极性材料或弱极性材料，二者的极性差异较大，不能形成均一稳定的体系。两种不能互溶的物质，即使通过外界条件融合在一起，所形成的共混物也存在贮存稳定性差、材料性能不稳定等缺点。为了使制备出的环氧沥青具有优良稳定的性能，必须通过某种方法来降低两者间的溶解度参数差，使两种物质能稳定互溶。

（2）固化剂的选择

环氧沥青固化后的高温稳定性和低温柔韧性是否优良主要是由环氧树脂与固化剂反应后形成的三维网状结构决定的。固化剂按照其官能基的不同可以分为多胺型、酸酐型、酚醛型、聚硫醇型。不同官能基的固化剂的固化条件各不相同，因此其固化物的性能也不相同。即使固化剂具有相同的官能基，但因化学结构不同，其与环氧树脂结合后生成的固化产物性能也各异。对于环氧沥青中固化剂的选择，既要考虑固化产物的路用性能，即具有优良的高温稳定性和低温柔韧性，又要考虑施工性能，其固化物凝胶时间不能太快，需要有足够的施工摊铺碾压时间，但摊铺完成至形成强度的这段养护期又不能太长。此外，固化剂与环境的友好性也是考虑因素之一，固化剂应无毒，不能对施工人员的健康和周围环境造成破坏。因此，固化剂的选择是一项非常复杂的工作。

（3）提高环氧沥青的柔韧性

单纯的环氧树脂固化产物较脆，韧性较差，为了满足环氧沥青路用性能的要求，需要通过加入增韧剂来提高固化产物韧性。但是从国内外目前的研究成果来看，在改善了环氧沥青及其混合料柔韧性能的同时，其他性能显著下降。为了达到提高固化物的柔韧性而又不影响其他性能，甚至能改善其他性能的目标，需要通过大量的试验和理论分析。

（4）其他添加剂的选择

随着化工行业的发展，越来越多的具有改善材料性能的化学添加剂被研发出来。各种添加剂由于分子结构不一样，融入环氧沥青固化体系的方式各异，其在环氧沥青固化体系中的分布效果不同，导致固化产物的性能各异。为了使添加剂能够在改善环氧沥青的某些性能的同时不影响或较少影响其他性能，需要进行添加剂的种类、掺量、融入方式的比对，选择出最适合环氧固化体系的添加剂，这个选择的过程需要进行大量的试验分析。

（5）环氧沥青各组分最佳配合比例的确定

环氧沥青固化体系主要是由环氧树脂、沥青、固化剂、添加剂、促进剂、稀释剂等多种材料掺配共混而成的。各种材料用量的变化会对环氧沥青固化产物的性能产生非常大的影响。为了在尽量不影响材料其他性能的前提下提高某些性能，需要通过大量试验才能确定环氧沥青各组分的最佳用量。

（6）环氧沥青施工容留时间的确定

环氧树脂与固化剂结合后即开始发生化学反应，环氧沥青固化体系的黏度随之开始增长。随着反应的进行，交联网络结构逐渐形成，体系黏度的变化也急剧增加。当体系黏度超过一定的范围，则会导致环氧沥青混合料在现有施工设备条件下难以被碾压密实。环氧固化反应遵循时温等效原则，固化反应的快慢受温度的影响。但是在环氧沥青施工过程中，从环氧树脂与固化剂结合开始，直至摊铺碾压完成，温度一直在发生变化。因此，为了更加准确地指导相关人员进行环氧沥青施工，必须经过大量的试验和理论分析。

1.4　本书主要研究内容和研究技术路线

1.4.1　主要研究内容

本书旨在研发一种环氧沥青，以其作为结合料制备的环氧沥青混凝土具有优良的可施工性和路用性能。首先，从组成环氧沥青的材料着手，分析不同材料类型对环氧沥青性能的影响，确定材料类型；其次，通过正交试验法分析材料掺量对环氧沥青性能的影响，确定最佳材料掺量，并通过红外光谱和电镜扫描从固化反应程度和微观结构方面来分析材料。通过测试在不同温度、时间条件下环氧沥青的体系黏度，建立环氧沥青反应过程中的固化反应动力学模型；通过对不同配比的材料固化物进行流变特性的测试，分析环氧树脂、增韧剂对沥青材料性能的影响；进行环氧沥青混合料的高温稳定性、低温抗裂性、疲劳性能等方面的测试，并对环氧沥青的制备工艺和混合料强度增长趋势进行研究。

本书的主要研究内容分为以下五点。

1.4.1.1　环氧沥青的开发

根据相关技术规范对环氧沥青材料的要求，依据共混体系相容性原则和环氧固化反应原理，确定构成环氧沥青的各种原材料；通过正交试验结合材料的电镜扫描和红外光谱分析结果，确定各种原材料的最佳用量；分析不同制备工艺对环氧沥青性能的影响，确定制备工艺，并对所制备的环氧沥青进行性能验证。

1.4.1.2　环氧沥青流变特性的研究

研究不同配比下环氧沥青体系黏度随反应温度和时间变化的趋势，建立环氧沥青体系黏度随温度时间变化的增长模型；研究环氧树脂、增韧剂对环氧沥青体系黏弹性能的影响。

1.4.1.3　环氧沥青力学性能的研究

研究材料在不同条件下的力学行为，并通过模型对其力学行为进行模拟。预测材料在不同条件下的黏弹特性。

1.4.1.4　环氧沥青混合料路用性能的研究

将不同配比下的环氧沥青混合料作为研究对象，分析级配、沥青用量对环氧沥青混合料的影响；测试环氧沥青混合料的高温稳定性、低温抗裂性、抗水损害性能和疲劳性能。进行疲劳试验，采用应变控制模式，以试件加载一定次数后的劲度模量衰减情况来分析研究环氧沥青混合料的疲劳性能。

1.4.1.5 环氧沥青混合料制备工艺的研究

分析不同制备工艺对环氧沥青混合料性能的影响。根据建立的环氧沥青体系黏度增长模型预测环氧沥青混合料在不同温度下的容留时间。根据混合料试件在不同养护温度下强度随养护时间增长的情况，建立强度增长预测方程。

1.4.2 研究技术路线

本书的研究技术路线如图1.1所示。

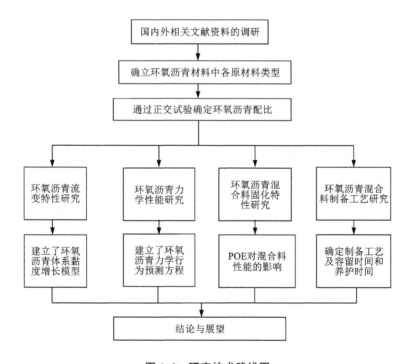

图1.1 研究技术路线图

第 2 章

环氧沥青的开发与制备

环氧沥青由沥青、环氧树脂、固化剂、相溶剂及其他助剂组成，环氧树脂与固化剂结合后即发生固化反应，形成不溶不熔的固化产物。因而，影响环氧沥青性能的因素很多，如各组成材料的性能、各组成材料的掺量、环氧沥青的制备工艺等。本章首先分析了环氧沥青的开发技术要求，以环氧沥青混合物体系黏度、环氧沥青固化物拉伸强度及延伸率为控制指标，对用于制备环氧沥青的环氧树脂、固化剂、稀释剂、沥青等各种材料进行选择，并通过正交试验结合电镜扫描和红外光谱分析，确定各材料的最佳用量；通过分析不同制备方式下的环氧沥青性能，确定了环氧沥青的制备工艺，并对制备的环氧沥青进行了性能测试；对制备的环氧沥青与其他环氧沥青产品进行了经济性比较。

2.1 环氧沥青的开发技术要求

环氧沥青的强度形成机理是环氧树脂分子链中的活性基团与固化剂中的活性基团发生反应，形成交联的空间网络结构。由于这种结构是分子间化学键的搭接，极其稳定，其固化物能在高温下不熔，且由于固化反应是不可逆反应，其生成的固化物不溶于任何溶剂。

环氧沥青作为结合料与一定级配的集料混合，固化后形成了环氧沥青混合料，环氧沥青混合料在施工和使用过程中必须满足施工性能、路用性能和经济性要求。施工性能方面：①环氧沥青混合料施工和沥青混合料施工类似，必须在结合料一定的黏度范围内完成摊铺和碾压，结合料的黏度过大则会导致混合料碾压不密实，结合料黏度过小则会造成混合料离析；②环氧沥青混合料在施工过程中不能污染环境；③环氧沥青混合料养护后开放交通的时间不能太长。路用性能方面：①本书开发的环氧沥青主要应用于钢桥面铺装，它必须满足钢桥面铺装材料使用性能的要求，即满足温度稳定性、水稳定性、疲劳性能、老化性能等要求；②环氧沥青混合料在使用过程中，还必须保证性能的长期稳定性。经济性方面：为了使环氧沥青混合料能更好地推广应用，其价格因素也是必须考虑的，应在保证性能的前提下降低材料成本。

环氧沥青混合料的性能主要取决于作为结合料的热固型环氧沥青的性能。因此，为了保证环氧沥青混合料满足路用性能、施工性能和经济性的要求，作为结合料的环氧沥青必须考虑以下四个方面：路用性能、施工性能、贮存稳定性和经济性。

（1）路用性能

环氧沥青混合料要具有优良的温度稳定性、水稳定性、疲劳性能、老化性能，对应的环氧沥青结合料在所使用的环境温度范围内必须具有一定的强度、柔韧性及与集料具有良好的黏附性能、抗紫外线老化和酸碱腐蚀的能力。

（2）施工性能

为了使环氧沥青混合料在摊铺和碾压过程中有足够的可施工时间，即要求环氧固化反应前期要缓慢，生成交联网络结构的时间尽量延长，体系黏度随温度时间增长而速率延缓。摊铺和碾压完成后，环氧沥青混合料的养护温度接近环境温度，要求环氧固化反应在常温下也能继续进行，同时为了尽量缩短养护时间，要求环氧固化反应的完成时间不能太长。此外，环氧沥青混合料在施工过程中不能污染环境，即要求环氧沥青中不能含有会污染环境的可挥发性成分。

（3）贮存稳定性

为了保证环氧沥青混合料的性能长期稳定，要求环氧沥青具有优良的贮存稳定性，即环氧沥青中沥青和环氧树脂能够互溶，形成结构稳定的共混体系，而且在贮存和使用过程中材料不会发生离析现象。

（4）经济性

为了提高材料的经济性，在环氧沥青开发过程中，尽可能使用廉价材料和容易制备的材料；在保证性能的前提下，尽量提高沥青在整个共混体系中的比例。

为了使环氧沥青满足以上要求，各国从自身的实际情况出发，针对环氧沥青提出了相应的检测指标和技术要求。我国《公路钢桥面铺装设计与施工技术规范》(JTG/T 3364—02—2019)中提出的环氧沥青结合料技术指标,如表 2.1 所示。美国 ChemCo Systems 公司开发的环氧沥青的技术指标,如表 2.2 所示。日本 Watanabegumi 公司提出的环氧沥青产品相应的技术指标,如表 2.3 所示。

表 2.1 环氧沥青结合料技术指标

试验项目		单位	技术要求			标准或方法
			热拌环氧沥青结合料	温拌环氧沥青结合料	冷拌环氧沥青结合料	
拉伸强度(25℃)		MPa	≥2.5	≥1.5	≥2.0	GB/T 16777—2008
断裂伸长率(25℃)		%	≥150	≥200	≥50	
含水率(7 d, 25℃)		%	≤0.3	≤0.3	≤0.3	GB/T 1034—1998
热固性(300℃)		—	不熔化	不熔化	不熔化	小试件放置在300℃的热板上
黏度增至 1 Pa·s 的时间	(25℃)	min	—	—	≥60	JTT E20—2011 (T0625—2011)
	(120℃)		—	≥50	—	
	(180℃)		≥50	—	—	

表 2.2 美国 ChemCo Systems 公司环氧沥青的技术指标

试验项目	单位	技术要求	标准或方法
抗拉强度(23℃)	MPa	≥1.5168	ASTM D 638
延伸率(23℃)	%	≥200	ASTM D 638
热固性(300℃)	—	不熔化	试件置于热板上
热挠曲温度	℃	−18~−25	ASTM D 648
黏度增加至 1000 cP(121℃)	min	≥50	置于容器中搅拌, Brookfield 黏度计

表 2.3　日本 Watanabegumi 公司环氧沥青的技术指标

试验项目	单位	技术要求	标准或方法
质量比(基质沥青/环氧树脂)	%	60/40	—
针入度(25℃)	0.1 mm	5~20	JIS K 2207
软化点	℃	>100	JIS K 2207
抗拉强度(23℃)	MPa	≥2.5	JIS K 7113
断裂伸长率(23℃)	%	>100	JIS K 7113

对比国内外针对环氧沥青材料提出的检测指标及技术要求,我们发现中国规范中"温拌环氧沥青"的技术要求与美国、日本对环氧沥青的要求大体一致,而中国的规范对环氧沥青分类得更细,试验项目更齐全,其试验测试方法更容易实现。因此,进行环氧沥青的性能检验采用中国的标准及测试方法。

2.2　环氧沥青的制备

本书旨在研制一种在路用性能、施工性能、贮存稳定性方面满足钢桥面铺装要求的环氧沥青材料,在环氧沥青材料的选择过程中,主要是考虑材料变化对环氧沥青的体系黏度、相容性、拉伸强度的影响。本书在环氧沥青的研究过程中做出如下定义:As 表示制备环氧沥青时所选用的基质沥青;EP-As 表示未掺加 POE(聚烯烃弹性体)的环氧沥青;EP-POE/As 表示 POE 改性环氧沥青。

2.2.1　原材料的选择

2.2.1.1　沥青的选择

沥青是环氧沥青中质量比最大的组分。通过环氧沥青固化物扫描电镜照片可以看出,环氧沥青主要由连续相和分散相两相组成,其中连续相为固化后的环氧树脂形成的网状结构,分散相为沥青。沥青属于烃类与非烃类的混合物,其组成及结构复杂,相对分子质量也较大,难以对其进行精确的分离。沥青的化学组分分析目前常用的有两种方法:三组分分析法和四组分分析法。四组分分析法中将沥青分成沥青质、胶质、芳香分、饱和分。不同标号和品牌的沥青中各组分的含量不同,导致沥青的性能也各异。研究表明:沥青质、胶质含量与沥青的黏度的相关性较好,沥青质、胶质含量越高,沥青黏度越大;饱和分的含量影响着沥青的低温性能,饱和分的含量高,沥青低温韧性好;不同组分的溶解度参数不同,沥青的平均溶解度也各异。

从相容性角度考虑,为了能使两种材料很好地互溶,要求选取的材料溶解度参数差值越小越好。对于环氧沥青共混体系来说,环氧树脂的溶解度参数为10.36 左右,沥青中各组分的溶解度参数如表2.4 所示。

表 2.4 沥青中各组分的溶解度参数

组分	饱和分	芳香分	胶质	沥青质
溶解度参数 δ	7.45	9.15	10.93	10.93

根据沥青共混体系平均溶解度的计算公式:

$$\delta_A = \delta_{饱}\,\phi_{饱} + \delta_{芳}\,\phi_{芳} + \delta_{胶}\,\phi_{胶} + \delta_{沥}\,\phi_{沥} \tag{2.1}$$

式中:$\delta_{饱}$、$\delta_{芳}$、$\delta_{胶}$、$\delta_{沥}$ 分别为沥青共混体系中饱和分、芳香分、胶质、沥青质的溶解度参数;$\delta_{饱}$、$\delta_{芳}$、$\delta_{胶}$、$\delta_{沥}$ 分别为饱和分、芳香分、胶质、沥青质的组分含量。

为了使沥青与环氧树脂能较好地相容,在选择沥青时应尽量选取胶质和沥青质含量大的沥青。文献[73][74]得到了几种不同标号的沥青各组分分析结果,如表2.5 所示。

表 2.5 不同标号的国产沥青四组分试验结果

沥青	沥青质	饱和分	芳香分	胶质	胶质+沥青质	平均溶解度
A-70#	0.56	26.19	31.07	33.51	34.07	9.33
A-90#	0.68	27.48	32.41	31.26	31.94	9.26
B-70#	12.44	16.32	44.62	26.62	39.06	9.57
B-90#	11.87	17.25	44.39	26.49	38.36	9.54
C-90#	8.42	28.16	35.44	25.13	33.55	9.27
C-110#	6.62	28.44	37.54	24.86	31.48	9.23

从表 2.5 中可以看出，同一品牌的沥青随着标号的降低，胶质+沥青质的含量增加，体系平均溶解度增加，不同品牌的沥青胶质+沥青质的含量各异，体系平均溶解度也各异；考虑到沥青质对于沥青的黏度影响较大，沥青质含量越高，其黏度越大，所构成的环氧沥青初始体系黏度值也越大；70#沥青方便获得，其市场占有率较高。故从相容性、体系黏度和经济性三个方面考虑选择 70#沥青作为制备环氧沥青的材料。

从体系黏度的角度考虑，由于沥青属于结构复杂的共混物，不同品牌的沥青四组分含量各异，导致其路用性能及在环氧树脂固化反应中的影响效果各异。试验选取国内常用的四种 70#基质沥青，采用《公路工程沥青及沥青混合料试验规程》(JTG E20—2011) 中 T0625—2011 沥青旋转黏度试验的方法，测试了其在不同温度条件下的旋转黏度值，试验结果如图 2.1 所示。以这四种沥青为原材料，按照一定的比例制备环氧沥青，测试四种环氧沥青体系黏度在120℃条件下的增长情况，其试验结果如图 2.2 所示。

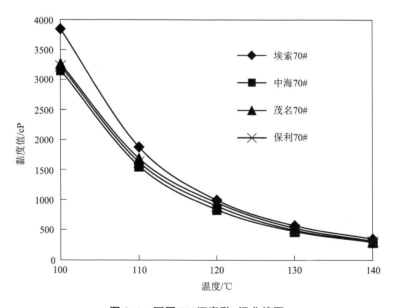

图 2.1　不同 70#沥青黏-温曲线图

通过图 2.1、图 2.2 发现，不同 70#沥青在相同温度条件下的黏度值不同，其值随着温度的增加而降低，且变化幅度随着温度的增加而变缓。温度越低，

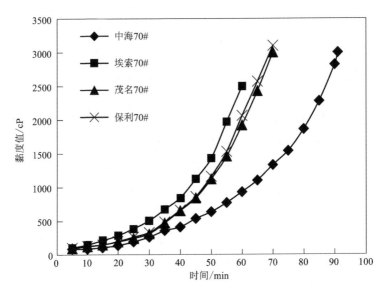

图 2.2　不同 70#沥青配制的环氧沥青 120℃条件下黏度增长图

不同品牌沥青的黏度差值越大；随着温度的升高，黏度差值逐渐缩小；当温度达到 140℃时，不同品牌沥青的黏度值几乎相同。这是由于不同沥青中各组分的温度敏感性各异，当温度达到一定阶段后，各组分材料均处于高弹态，此时，黏度值随温度的变化趋于平缓。对于用不同品牌的沥青制备成的环氧沥青，其体系黏度值的变化与时间的增长趋势基本一致，四种环氧沥青的初始黏度值基本相同，随着固化反应的进行，体系黏度逐渐变大，且增加幅度越发明显；不同品牌的沥青对环氧固化反应的影响程度各异，随着固化反应的进行，四种环氧沥青体系黏度的差值越大，中海 70#沥青制备的环氧沥青体系黏度增长最缓慢。故从体系黏度方面考虑，选取中海 70#沥青作为制备环氧沥青的材料，其主要性能指标如表 2.6 所示。

表 2.6　中海 70#沥青的主要性能指标

试验项目	25℃针入度/0.1 mm	15℃延度/cm	软化点/℃	TFOT 后质量损失/%
测试值	71	>100	47.5	0.2

2.2.1.2　环氧树脂的选择

环氧树脂是环氧沥青固化体系中主要的成膜物质，它使环氧沥青具有黏附特性及机械特性。环氧树脂的种类很多，按照其化学结构和环氧基的结合方式大体上可以分为五类：缩水甘油醚类、缩水甘油酯类、缩水甘油胺类、脂肪族环氧化合物、脂环族环氧化合物。不同种类的环氧树脂与固化剂反应的条件及固化产物各不相同。目前，市场上最易得、成本最低，市场占有率最大的是双酚 A 型环氧树脂，即二酚基丙烷缩水甘油醚。其分子结构如图 2.3 所示。

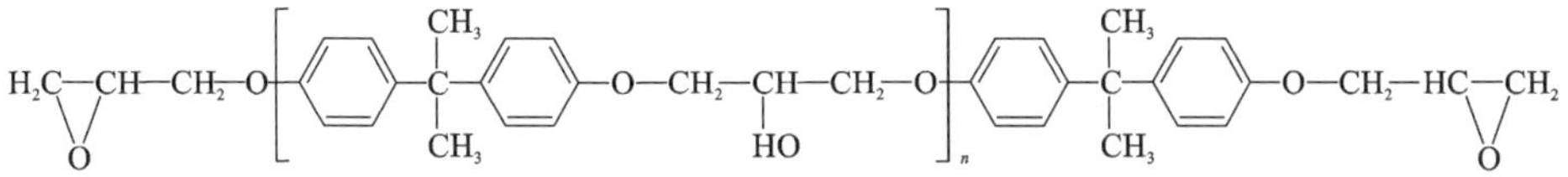

图 2.3　双酚 A 型环氧树脂分子结构

双酚 A 型环氧树脂的分子结构决定其具有以下特点：①能与多种固化剂、添加剂反应生成性能优良的固化物；②固化物有很高的强度；③固化物具有很高的耐腐蚀性；④固化物具有一定的韧性和耐热性。但是其缺点是韧性和耐热性不够，其固化产物较脆。从生成的环氧固化产物性能及经济性角度考虑，制备过程中选用双酚 A 型环氧树脂，其主要性能指标如表 2.7 所示。

表 2.7　双酚 A 型环氧树脂的主要性能指标

试验项目	环氧值（当量/100 g）	挥发份/%	黏度/cP(40℃)	无机氯值(当量/100 g)
测试值	0.48~0.54	2	1700	0.001

2.2.1.3　固化剂的选择

环氧树脂固化物优良的性能不仅取决于环氧树脂的结构，也与固化剂的结构及性能有着密切的关系。固化剂中的活性基团与环氧树脂中的活性基团相互连接形成了性能稳定的固化物。固化剂按照多元分类法可以分为多胺型、酸酐型、酚醛型与聚硫醇型。应用最为广泛的是多胺型和酸酐型固化剂。多胺型固化剂根据化学结构的不同又可以分为直链脂肪族胺、聚酰胺、脂环胺、芳香胺。按照固化反应的温度条件，可以将固化剂分为三类：室温固化剂（室温～50℃）、中温固化剂（50～100℃）、高温固化剂（100℃以上）。从环氧沥青施工性能方面考虑，环氧沥青只有加热到一定的温度时才具有流动性，其体系黏度才能满足施工的要求。根据化学反应的时温等效原理，室温和中温固化剂在高温条件下会加速其固化反应进程，导致体系黏度急剧增长，大大缩短了施工的容留时间，故只能采用高温固化剂。属于高温固化剂的有芳香族多胺、酸酐。酸酐类固化剂与多元胺类固化剂相比，具有挥发性小、毒性低、固化反应较慢、固化产物收缩率低等优点。因此，制备过程中选用酸酐类固化剂。

2.2.1.4　相溶剂的选择

固化后的环氧沥青分为连续相和分散相两相：连续相为环氧树脂和固化剂结合形成的空间交联网络，分散相为沥青颗粒。对于环氧沥青固化物，为了保证其性能稳定，不发生离析分层现象，就必须保证两相结构的稳定，其界面的结构和强度对于两相结构的稳定具有极其重要的作用。而由于沥青与环氧树脂的溶解度参数差值较大，其两相相容性较差，必须通过某种方式来改进两相相容性。目前，改进相容性的方式主要有三种：①通过改性沥青来改善相容性；②通过选择合适的固化剂来改善相容性；③通过加入相溶剂来改善相容性。

本书采用加入相溶剂来改善相容性，选取了文献[77]中所提到的芳烃油、煤焦油（高温干馏）以及自制的一种酚类化合物（A样），其相关性能指标如表2.8所示。采用中海70#沥青作为基质沥青，环氧树脂选用双酚A型环氧树脂。

表2.8　相溶剂的相关性能指标

性能指标	外观	20℃密度/$(g \cdot cm^{-3})$	100℃黏度/cst	闪点/℃
芳烃油	黑色油状液体	1.05	35	≥200
煤焦油	黑色黏稠液体	1.10	40	105
A样	淡黄色液体	0.94	12	141

试验方法按照《公路工程沥青及沥青混合料试验规程》（JTG E20—2011）中

T0661—2011 聚合物改性沥青离析试验法进行，试验结果如图 2.4 所示。

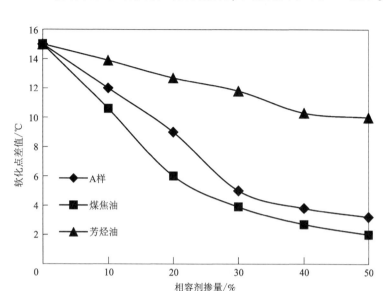

图 2.4 相容剂对环氧树脂与沥青离析的影响

通过图 2.4 可以看出，在未掺加任何相溶剂之前，环氧树脂与沥青共混物体系非常不稳定，存在明显分层，共混物试样上部与下部软化点之差达到 15℃，这也充分证实了环氧树脂和沥青不相容的结论。随着相溶剂的加入，环氧树脂与沥青共混物的相容性都有所改善，三种试样的离析程度均有减小，其中以芳烃油作为相溶剂的试样改善效果不明显；当掺量为 50% 时，上下软化点差值仅减小了 5℃，而煤焦油和 A 样却能显著提高环氧树脂与沥青的相容性；当掺量为 30% 时，两组试样的上下软化点差值都减小了 10℃ 以上，且采用煤焦油作为相溶剂，改善共混物储存稳定性的效果略好于 A 样。由试验结果还可以看出，采用不同的相溶剂时若要达到相同增容效果，共混物所需的相溶剂掺量相差较大，这一点与相溶剂的分子结构以及相溶剂在环氧树脂和沥青中的溶解度有关。

煤焦油虽然具有较好的增容效果，但其具有较强的毒性，限制了其在道桥铺装领域的应用，因此不建议采用。A 样是一种黏度低、毒性小的物质，试验结果表明其不仅能与环氧树脂以任意比互溶，当以适当比例与沥青混合时，也可以形成稳定的共混物。因此，本书采用酚类化合物作为相溶剂。

2.2.1.5 稀释剂的选择

稀释剂主要用来降低环氧树脂固化体系的黏度。稀释剂按照其是否参与环氧固化反应可以分为非活性稀释剂与活性稀释剂。非活性稀释剂不参与环氧固化反应,其属于物理地融入环氧固化体系中,随着固化反应的进行而挥发,并且会给固化产物留下空隙,导致固化物收缩性大、强度降低。活性稀释剂参与环氧固化反应,成为环氧固化交联网络的一部分,对其固化物的性能几乎无影响。故选取一种活性稀释剂作为制备材料。

2.2.1.6 增韧剂的选择

单纯的环氧树脂固化产物较脆,韧性较差,为了满足环氧沥青路用性能的要求,需要通过加入增韧剂来提高固化产物的韧性。采用增韧剂增韧环氧树脂的途径大体为以下三种:①通过刚性无机填料、橡胶弹性体和热塑性塑料聚合物形成的两相结构进行增韧;②用热塑性塑料连续贯穿于环氧树脂网络中形成的半互穿网络型聚合物来增韧;③通过改变交联网络的化学结构组成来提高交联网络的活动能力。增韧剂的种类主要有以下四种:①无机填料类,如石英砂、玻璃微珠等;②合成橡胶类,如液体端羧基丁腈橡胶、聚硫橡胶等;③热塑性树脂类,如聚甲基丙烯酸甲酯,聚碳酸酯等;④柔性链固化剂。本书采用第①种方式对环氧沥青固化体系进行增韧,选取了聚烯烃弹性体(POE)作为增韧剂。POE 由于具有较好的弹性和耐老化性能,被作为塑料产品的增韧和低温改性剂广泛使用。

2.2.2 环氧沥青材料配比的研究

2.2.2.1 正交试验方案

环氧沥青是环氧树脂、固化剂、沥青、稀释剂、增韧剂、相溶剂混合在一起形成的共混物,其中各种材料的掺量变化都影响着环氧沥青固化产物的性能。

正交试验设计是研究与处理多因素试验的一种方法,具有均匀分散、齐整可比的特点,试验设计时先挑选出具有代表性的试验因素来进行试验,再通过对代表性试验结果的分析,了解全面试验的情况,以实现工艺的优化。因此,挑选有代表性的试验因素成为正交试验的关键。

从环氧沥青的组成材料来分析，试验因素包括了环氧树脂、固化剂、沥青、稀释剂、增韧剂、相溶剂，根据环氧树脂固化反应原理，其固化反应是环氧树脂中的羟基与固化剂中的酸酐反应，打开酸酐，然后进行加成聚合反应，其余组分是不参与固化反应的。因此，单位质量的环氧树脂所对应的酸酐固化剂最佳用量的确定不受其他因素的影响。在环氧沥青配比的正交试验中，考虑的试验因素为沥青、稀释剂、增韧剂、相溶剂，采用 $L_9(3^4)$ 正交表来进行试验设计，试验计划如表 2.9 所示。

表 2.9　试验计划用表

试验号	沥青用量/份	相溶剂/份	增韧剂/份	稀释剂/份
1#	350	40	2	1
2#	350	60	6	2
3#	350	80	10	3
4#	450	40	6	3
5#	450	60	10	2
6#	450	80	2	2
7#	550	40	10	2
8#	550	60	2	3
9#	550	80	6	1

备注：表中各用量的份数表示取树脂用量为 100 份，材料用量相对树脂用量的份数。

确定环氧沥青配比的思路，首先固定环氧沥青中树脂的用量，根据固化反应原理调整固化剂用量，分析固化物剪切强度随固化剂用量变化的情况，并结合红外光谱分析固化剂的反应程度，综合考虑确定最佳固化剂用量；然后，采用 $L_9(3^4)$ 正交表确定的方案制备试样进行性能试验，分析各材料用量的变化对环氧沥青体系黏度、固化物拉伸强度、延伸率（25℃、-10℃）的影响，最终确定环氧沥青的配比。

固化剂最佳用量的确定过程如下。

（1）确定双酚 A 型环氧树脂的用量后，混合均匀后制成拉剪试验，采用《胶

黏剂　拉伸剪切强度的测定》（GB/T 7124—2008/ISO 4587：2003）中要求的试验方法进行，试验设备采用微机控制万能试验机，测试设备及试件如图 2.5、图 2.6 所示，剪切试验结果如图 2.7 所示。

图 2.5　环氧树脂拉剪试模

图 2.6　正在剪切的试件

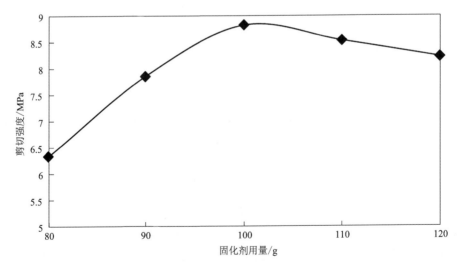

图 2.7　固化剂用量与剪切强度的关系曲线

通过图 2.7 可以看出，剪切强度随固化剂用量的增加先增大后减小，其中固化剂用量为 100 g 时，达到最大值。当固化剂用量低于最佳用量时，剪切强度随固化剂用量的增加，其变化幅度大于固化剂用量过饱和阶段的变化幅度。越接近最佳用量，剪切强度的增长速率越趋于平缓；超过最佳用量后，其强度值缓慢降低。当固化剂用量低于最佳用量时，反应不完全，会影响固化产物的性能；当固化剂用量高于最佳用量时，固化剂用量过饱和，多余的固化剂相当于添加剂，也会影响固化产物的性能。

（2）为了进一步弄清固化剂用量对环氧树脂体系固化交联程度的影响，本书还采用了傅里叶红外光谱分析仪对此展开定性分析。将各环氧树脂和固化剂试样压制成 40 μm 厚的薄片，采用 Bruker TENSOR 27 型红外光谱仪扫描分析。由于多体系的红外谱图中出现了相对较多的相互重叠干扰的官能团的吸收峰和杂质吸收峰，因此这里主要比较环氧树脂中相对不受干扰的环氧基团和固化剂中苯环基团的吸收峰情况，其结果如图 2.8~图 2.10 所示。914 cm^{-1} 表示环氧基团的吸收峰，1610 cm^{-1} 表示苯环振动峰。用 A_{914}/A_{1610} 来表示环氧树脂的环氧固化程度，其值越低，表示环氧基团参与反应的数目就越多。各种不同配比情况下的 A_{914}/A_{1610} 值如表 2.10 所示。

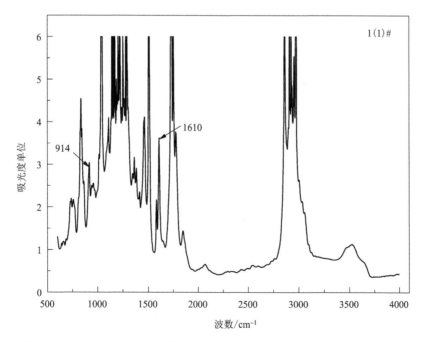

图 2.8 120℃时环氧树脂固化后的红外光谱（固化剂∶环氧树脂＝1.25∶1）

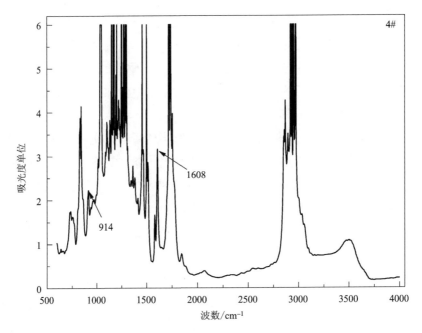

图 2.9　120℃时环氧树脂固化后的红外光谱（固化剂：环氧树脂＝1：1）

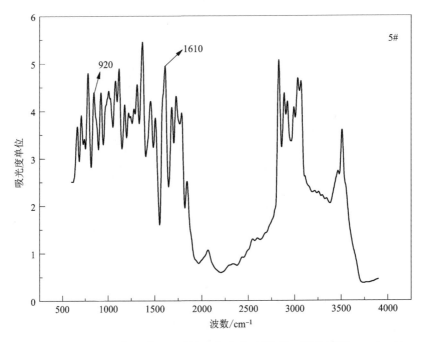

图 2.10　120℃时环氧树脂固化后的红外光谱（固化剂：环氧树脂＝0.83：1）

表 2.10　不同配比情况下的 A_{914}/A_{1610} 值（120℃）

固化剂：环氧树脂	1：1	1.2：1	0.8：1
A_{914}	2.23	3.04	4.38
A_{1610}	3.16	3.62	4.94
A_{914}/A_{1610}	0.71	0.84	0.88
拉剪强度/MPa	8.68	8.26	6.54

从表 2.10 中可以看到，随着固化剂用量的增加，其环氧树脂的固化交联程度先减小后增大，并达到最大值。其规律与拉剪强度随固化剂用量变化的规律一致。

2.2.2.2　不同因素对环氧沥青固化物拉伸强度的影响

采用《建筑防水涂料试验方法》（GB/T 16777—2008）中规定的试验方法在25℃条件下，测试了 9 组环氧沥青固化产物的拉伸强度。其试验结果如表 2.11 所示。

表 2.11　拉伸强度试验结果

试样编号	1#	2#	3#	4#	5#	6#	7#	8#	9#
拉伸强度/MPa	5.10	4.67	2.54	1.43	1.95	1.16	1.52	0.40	0.30

对其不同水平下性能的变化趋势进行分析，和值分析的方式可以让指标随水平变化的趋势更加显著，和值越大，拉伸强度越高。在沥青用量、相溶剂用量、增韧剂用量、稀释剂用量四种因素下，环氧固化物拉伸强度正交试验和值随不同因素水平变化的规律如图 2.11 所示。

通过图 2.11 可以看出，拉伸强度在同一影响因素条件下，其和值随水平变化的趋势相同。拉伸强度在四种因素影响下的变化规律如下所述。

（1）随着沥青用量的增加，拉伸强度逐渐降低，且根据随沥青用量的增加在不同水平下的拉伸强度的变化斜率可以看出，当沥青用量超过 450 份时，出

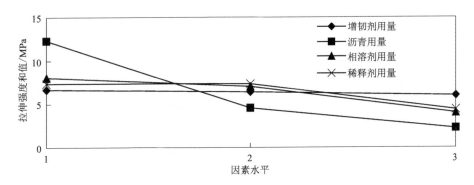

图 2.11　拉伸强度随因素水平变化的规律图

现了明显的拐点，降低趋势变缓。这是因为环氧沥青固化物的强度形成主要依赖的是环氧树脂固化反应形成的三维网状结构，环氧沥青固化体系中沥青用量的增加，稀释了单位体积内网状交联结构的数量，大大降低了网状结构交联程度，引起了强度的降低。因而，为了保证环氧沥青固化物有一定的强度，沥青用量不能太大。

（2）随着相溶剂用量的增加，拉伸强度逐渐降低，且当相溶剂用量超过60份时出现明显的拐点，即当相溶剂用量超过60份时，拉伸强度就迅速降低。这是因为相溶剂虽然能很好地解决环氧树脂与沥青两相间的相容性，但相溶剂过量，多余的相溶剂则会包裹在分子表面，影响固化体系原有的交联空间网络，使得固化物的力学性能减弱甚至消失。因此，为了保证环氧沥青固化物有一定的强度，相溶剂用量不能太大。

（3）随着增韧剂用量的增加，拉伸强度的变化幅度不明显。这说明增韧剂用量的增加不会破坏环氧树脂固化反应形成的网状交联结构。

为了进一步弄清 POE 对环氧沥青体系固化过程的影响，本书采用了傅里叶红外光谱分析仪对此展开定性分析。其试验方法和评价指标同 2.2.2.1 小节，结果如图 2.12 所示，各种不同配比情况下的 A_{914}/A_{1610} 值如表 2.12 所示。

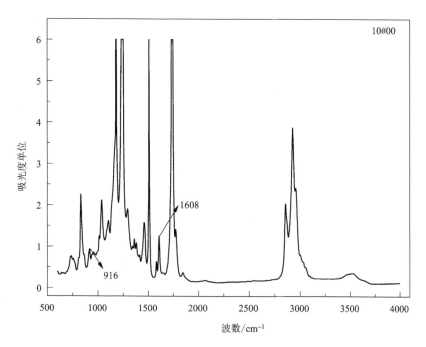

图 2.12　120℃时改性环氧树脂固化后的红外光谱（固化剂：环氧树脂：POE=1：1：0.06）

表 2.12　不同配比情况下的 A_{914}/A_{1610} 值（120℃）

固化剂：环氧树脂：POE	1：1：0	1：1：0.06
A_{914}	2.23	0.93
A_{1610}	3.16	1.25
A_{914}/A_{1610}	0.71	0.74
拉剪强度/MPa	8.68	10.23

　　通过表 2.12 可以看出，随着 POE 的加入，固化体系交联程度有轻微下降，而拉剪强度则有稍许提高。因此，通过 POE 改性，一方面不会明显降低树脂的固化率，另一方面又对环氧树脂固化物的拉剪强度有稍许提高。

　　(4)随着稀释剂用量的增加，拉伸强度逐渐降低，且当稀释剂用量超过 2 份时出现明显的拐点，即当用量超过 2 份时，拉伸强度会迅速降低。这是因为活性稀释剂参与环氧固化反应，成为环氧固化交联网络的一部分，其在一定的用量范围内对固化物强度几乎无影响，但当用量过多时，则会影响固化体系原有的交联空间网络，引起固化物的力学性能减弱。因而，为了保证环氧沥青固化物有一定的强度，稀释剂用量不能太大。

正交试验中同一因素不同水平值之间的极差能反映其对评价指标的影响程度。极差越大，表示影响程度越高。沥青用量、相溶剂用量、增韧剂用量、稀释剂用量四种因素在不同水平下对拉伸强度指标的极差如表 2.13 所示。

表 2.13 不同因素下拉伸强度指标的极差

评价指标	影响因素			
	沥青用量	相溶剂用量	增韧剂用量	稀释剂用量
拉伸强度/MPa	3.36	1.35	0.22	0.99

由表 2.13 可以看出，对环氧沥青固化物拉伸强度影响程度最大的因素是沥青用量，增韧剂用量对拉伸强度的影响较小。这表明，沥青的加入对环氧固化结构交联程度的影响大于相溶剂和稀释剂对环氧固化结构交联程度的影响。沥青不参与环氧固化反应，而相溶剂和稀释剂都会对固化体系的交联结构产生影响，两种因素在一定值的范围内时，与环氧固化反应结合形成的新交联结构对强度的影响不明显；而当其值过量时，就会破坏原有的环氧固化交联结构，影响固化物强度。

2.2.2.3 不同因素对环氧沥青体系黏度的影响

随着环氧固化反应的进行，交联空间网络的逐渐形成引起环氧沥青体系黏度的增大。本书以环氧沥青体系黏度达到 1000 cP 的时间和值作为评定指标，分析各因素在不同水平下对体系黏度的影响，其试验结果如表 2.14 所示。

表 2.14 体系黏度达到 1000 cP 的时间

试样编号	1#	2#	3#	4#	5#	6#	7#	8#	9#
时间和值/min	40	46	55	55	52	65	55	68	72

在沥青用量、相溶剂用量、增韧剂用量、稀释剂用量四种因素下，环氧沥青体系黏度正交试验时间和值随不同因素水平变化的规律如图 2.13 所示。

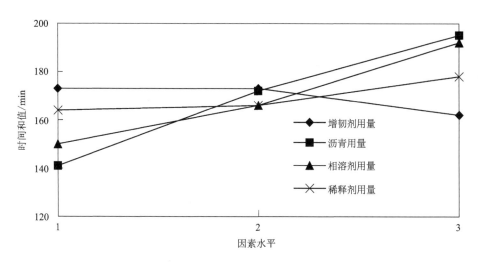

图 2.13　体系黏度达到 1000 cP 的时间和值随因素水平变化的规律图

通过图 2.13 可以看出，体系黏度达到 1000 cP 的时间和值在同一影响因素条件下，其时间和值随水平变化的趋势基本相同。时间和值在四种因素影响下的变化规律如下所述。

（1）随着沥青用量的增加，体系黏度达到 1000 cP 的时间和值逐渐增加。这是因为环氧沥青体系中沥青用量的增加，稀释了单位体积内网状交联结构的数量，影响了环氧固化反应的进程，减缓了空间交联网络结构的形成，导致体系黏度的增长缓慢。因此，为了延缓环氧沥青固化体系黏度增长速率，可以通过增加沥青用量来实现。

（2）随着相溶剂用量的增加，体系黏度达到 1000 cP 的时间和值逐渐增加，且当相溶剂用量超过 60 份时出现拐点，当用量超过 60 份时时间和值迅速增加。这是因为相溶剂的增加影响了原有的环氧固化交联结构，导致体系黏度的增长缓慢。因此，为了减缓环氧沥青固化体系黏度增长速率，可以通过增加相溶剂用量实现。

（3）随着增韧剂用量的增加，体系黏度达到 1000 cP 的时间和值在增韧剂用量未达到 6 份时，变化不明显；当用量超过 6 份时，体系黏度达到 1000 cP 的时间和值明显降低。因为 POE 自身分子的相互纠缠，增加了环氧沥青共混体系的黏度值，所以随着增韧剂用量的增加，其对体系黏度的影响越明显。

（4）随着稀释剂用量的增加，体系黏度达到 1000 cP 的时间和值在稀释剂用量未达到 2 份时，变化不明显；当用量超过 2 份时，体系黏度达到 1000 cP 的时间和值逐渐增加。因为活性稀释剂参与了环氧树脂固化反应，当其用量在一定范围内时，不影响环氧固化交联网络的形成；当用量过多时，则会影响固化体系原有的交联空间网络，导致体系黏度增长缓慢。

沥青用量、相溶剂用量、增韧剂用量、稀释剂用量四种因素在不同水平下对体系黏度达到 1000 cP 的时间和值的极差如表 2.14 所示。

表 2.14 不同因素下体系黏度达到 1000 cP 的时间和值指标极差

评价指标	影响因素			
	沥青用量	相溶剂用量	增韧剂用量	稀释剂用量
体系黏度达到 1000 cP 的时间和值/min	18.00	14.00	3.67	4.67

由表 2.14 可以看出，对环氧沥青体系黏度达到 1000 cP 的时间和值指标极差从大到小依次为：沥青用量、相溶剂用量、稀释剂用量、增韧剂用量。这表明，沥青对环氧固化结构的交联程度的影响大于相溶剂和稀释剂对交联结构的影响。

2.2.2.4 不同因素对环氧沥青固化物延伸率的影响

因为环氧固化物较脆，韧性较差，且沥青作为一种感温材料，温度的改变对其延伸性能影响大，所以结合考虑环氧沥青混合料的使用环境，采用《建筑防水涂料试验方法》（GB/T 16777—2008）中规定的试验方法在 25℃和-10℃条件下，测试了 9 组环氧沥青固化产物的断裂延伸率，试验结果见表 2.15 所示。

表 2.15　延伸率试验结果

试样编号	1#	2#	3#	4#	5#	6#	7#	8#	9#
延伸率(25℃)/%	154	186	224	206	204	216	245	274	296
延伸率(−10℃)/%	133	149	172	125	136	133	124	113	120

在沥青用量、相溶剂用量、增韧剂用量、稀释剂用量四种因素下，环氧沥青延伸率正交试验和值随不同因素水平变化的规律如图 2.14、图 2.15 所示。

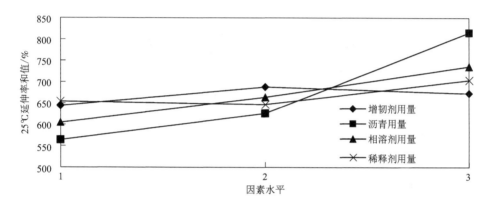

图 2.14　延伸率(25℃)随因素水平变化的规律图

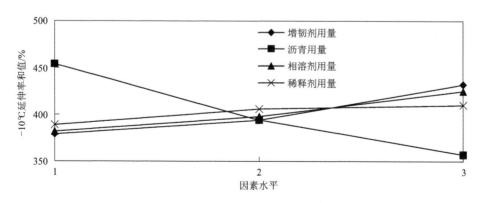

图 2.15　延伸率(−10℃)随因素水平变化的规律图

通过图 2.14 和图 2.15 可以看出，不同试验条件下的延伸率在同一影响因素条件下，其和值随水平变化的趋势不尽相同，延伸率在四种因素影响下的变化规律如下所述。

(1)随着沥青用量的增加，25℃延伸率和值逐渐增加，且当沥青用量超过450份时出现拐点，当用量超过450份时，延伸率迅速提高。而对比分析-10℃延伸率和值可以看出，随着沥青用量的增加，延伸率迅速降低。25℃延伸率在不同水平间的变化幅度大于-10℃延伸率的变化幅度。这是因为在常温情况下，沥青的延伸性能要优于环氧树脂固化物的延伸性能，环氧沥青的延伸性能主要依赖于沥青的延伸性，随着沥青用量的增加，其在环氧沥青混合体系中的比例更大，表现为环氧沥青的延伸性能也越好；在低温情况下，沥青的延伸性能急剧下降，而环氧树脂固化物对温度的敏感性比沥青材料弱，温度从常温(25℃)变化到低温(-10℃)，对其延伸性能的影响比沥青小，另外，环氧沥青的延伸性能主要依赖于环氧树脂固化的延伸性，且随着沥青用量的增加，其网络结构交联程度越低，延伸率越小。

(2)随着相溶剂用量的增加，在25℃和-10℃两种情况下，其延伸率都逐渐提高，变化趋势相同，且25℃延伸率在不同水平间的变化幅度值大于-10℃延伸率的变化幅度值。这是因为相溶剂用量的增加影响了环氧固化交联结构，提高了固化物延伸性能。

(3)随着增韧剂用量的增加，25℃延伸率和值先增大后减小，在增韧剂用量为6份时出现转折点。而对比分析-10℃延伸率和值可以看出，随着增韧剂用量的增加，延伸率迅速提高。-10℃延伸率在不同水平间的变化幅度大于25℃延伸率的变化幅度。这是因为在常温情况下，POE的延伸性能低于沥青的延伸性能，适量的POE能增强共混体系的延伸性能，当共混体系中POE过量，则会引起环氧沥青固化物延伸性能的降低；低温情况下，POE的延伸性能优于沥青的延伸性能，其作为环氧固化体系的增韧剂能提高固化物延伸性能。

(4)随着稀释剂用量的增加，25℃延伸率和值先减小后增大，在稀释剂用量为2份时出现转折点，当用量超过2份时，其延伸率的变化幅度大于用量低于2份时的变化幅度。而对比分析-10℃延伸率和值可以看出，随着稀释剂用量的增加，延伸率先缓慢提高后基本不变。这是因为当稀释剂过量时，其影响了环氧固化交联结构，导致常温延伸率的提高，低温情况下由于交联结构变化引起的延伸性能的变化不明显。

沥青用量、相溶剂用量、增韧剂用量、稀释剂用量四种因素在不同水平下对环氧沥青固化物延伸率指标的极差如表 2.15 所示。

表 2.15　环氧沥青固化物延伸率指标的极差

评价指标	影响因素			
	沥青用量	相溶剂用量	增韧剂用量	稀释剂用量
延伸率(25℃)/%	83.67	43.67	14.67	19.00
延伸率(-10℃)/%	32.33	14.33	17.67	7.00

由表 2.15 可以看出,常温情况下,对环氧沥青固化物延伸率影响程度从大到小依次为沥青用量、相溶剂用量、稀释剂用量、增韧剂用量;低温情况下,对环氧沥青固化物延伸率影响程度从大到小依次为沥青用量、增韧剂用量、相溶剂用量、稀释剂用量。

2.2.2.5　环氧沥青配比的确定

沥青、相溶剂、增韧剂、稀释剂用量的不同,导致环氧沥青性能存在差异,所以为了寻找各因素水平之间的最佳组合,本书采用综合平衡的方法对其进行分析,分析结果如下。

(1)通过正交试验结果可以看出,沥青用量对环氧固化物拉伸强度、延伸率及环氧沥青共混物体系黏度的影响程度是占主导地位的。随着沥青用量的增加,环氧沥青固化物的拉伸强度迅速降低,当沥青用量从 350 份增加至 450 份,增加了 28.6%,环氧沥青固化物强度由 5.10 MPa 下降到了 1.52 MPa,下降了68.4%。我国《公路钢桥面铺装设计与施工技术规范》(JTG/T 3364—02—2019)中要求环氧沥青结合料的拉伸强度≥1.5 MPa,故沥青用量不能选择水平3;从环氧沥青共混物体系黏度达到 1000 cP 的时间和值来看,随着沥青用量的增加,体系黏度增长速率变缓,沥青用量从 350 份增加至 450 份,增加了 28.6%,环氧沥青共混物体系黏度达到 1000 cP 的时间和值提高了 20%,为了保证环氧沥青施工过程中有足够的容留时间,兼顾经济性考虑,沥青用量不能选择水平1;从环氧沥青固化物延伸率来看,当沥青用量取水平 2 时,其延伸率能满足我国《公路钢桥面铺装设计与施工技术规范》(JTG/T 3364—02—2019)中环氧沥青结合料延伸率≥200%的要求。因此，确定沥青用量选用水平 2，即沥青用量为 450 份。

(2)通过正交试验的结果可以看出，相溶剂用量对环氧固化物拉伸强度、25℃延伸率及环氧沥青共混物体系黏度的影响程度仅次于沥青用量。随着相溶剂用量的增加，环氧沥青固化物的拉伸强度明显降低，在沥青用量选用水平 2 的情况下，相溶剂用量从 60 份增加至 80 份，增加了 33.3%，固化物拉伸强度由 1.85 MPa 下降到了 1.36 MPa，下降了 26.5%，因此相溶剂用量不能过多；从环氧沥青共混物体系黏度达到 1000 cP 的时间和值来看，随着相溶剂用量的增加，体系黏度增长速率变缓，为了尽可能地延长环氧沥青的施工容留时间，相溶剂用量不能选择水平 1；在相溶剂选择水平 2 和水平 3 的情况下，其延伸率能满足我国《公路钢桥面铺装设计与施工技术规范》(JTG/T 3364—02—2019)中环氧沥青结合料延伸率≥200%的要求。

相溶剂加入环氧沥青的目的，是将沥青颗粒更均匀地分散到环氧树脂固化体系中，形成性能稳定的环氧沥青固化物。当环氧沥青体系中相溶剂用量过少时，其不能使沥青颗粒均匀地分散到环氧树脂中，会影响固化物的性能稳定；当相溶剂用量过多时，相溶剂会影响环氧树脂固化后形成的空间交联结构，导致固化物性能发生变化。因此，通过分析不同相溶剂用量下环氧沥青混合物的微观形态来确定最佳相溶剂用量。

利用电子扫描电镜不仅可以观察改性剂的粒子大小，也可以观察改性剂在沥青中的实际分布状态。试验方法是将热的环氧沥青均匀地涂在载玻片上，盖上盖玻片成型，然后放在电子扫描电镜下进行观察，其对改性剂在沥青中的分散状态扰动小。研究采用 81W/AIS2100 电子扫描电镜对掺加不同量(0 份、40 份、60 份、80 份)相溶剂的环氧树脂与沥青混合物微观形态进行比较分析，电子扫描显微照片如图 2.16 所示。

由图 2.16(a)可以清楚地看到，呈亮白色的为沥青颗粒，加入环氧树脂中的沥青由于浸润角过大，自身凝聚在一起，在环氧树脂中并不能被溶解，而是以大小不一的粒径分布在环氧树脂固化物中。图 2.16(b)显示，随着相溶剂的加入，分布在环氧树脂中的沥青颗粒粒径有所减小，且分布得更加均匀。相溶剂的作用恰恰是在沥青和环氧树脂之间起到一个媒介作用，以降低环氧树脂与沥青两相界面之间较大的界面张力，从而将沥青带入环氧树脂固化物中形成相对稳定的环氧沥青体系。图 2.16(c)显示，加入 60 份相溶剂后，沥青颗粒粒径

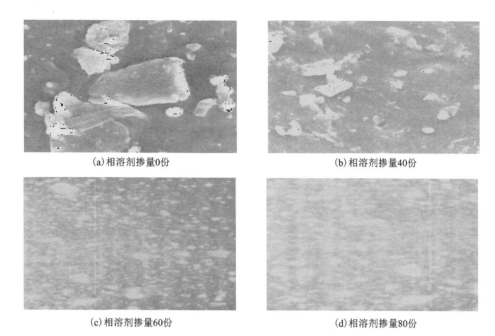

(a) 相溶剂掺量0份　　　　　　　　　(b) 相溶剂掺量40份

(c) 相溶剂掺量60份　　　　　　　　　(d) 相溶剂掺量80份

图 2.16　不同相溶剂掺量下的环氧沥青 SEM 图

有明显的减小；继续加入相溶剂至 80 份，由图 2.16（d）可以看出，沥青的分布
颗粒粒径虽有减小，但与掺入 60 份时相比，粒径变化不明显。因此，确定相溶
剂用量选用水平 2，即相溶剂用量为 60 份。

（3）通过正交试验结果可以看出，增韧剂用量对环氧固化物拉伸强度、
25℃延伸率及环氧沥青共混物体系黏度的影响程度不如其他三个因素，但是随
着增韧剂用量的增加，环氧沥青固化物的低温延伸率明显提高，考虑环氧沥青
混合料的使用环境，增韧剂不能选择水平 1；从环氧沥青共混物体系黏度达到
1000 cP 的时间和值来看，增韧剂用量的增加，体系黏度增长速率变快，为了尽
可能地延长环氧沥青施工容留时间，增韧剂用量不能选择水平 3；增韧剂用量
对环氧固化物拉伸强度的影响不明显，且增韧剂用量选择水平 2 时，其 25℃延
伸率和值最大。因此，确定增韧剂用量选用水平 2，即增韧剂用量为 6 份。

（4）通过正交试验结果可以看出，当稀释剂用量超过水平 2 以后，随着稀释
剂用量的增加，环氧沥青固化物的拉伸强度显著降低，为了保证环氧沥青固化物
的强度，稀释剂不能选择水平 3；从环氧沥青共混物体系黏度达到 1000 cP 的时间

和值来看，水平 2 的时间和值稍大于水平 1；从环氧沥青固化物延伸率和值来看，常温情况下，相同水平 1 的和值稍大于水平 2，而低温情况下，水平 2 的和值稍大于水平 1。因此，确定稀释剂用量选用水平 2，即增韧剂用量为 2 份。

2.2.3　环氧沥青制备工艺的确定

目前，广泛应用于工程实际中的主要是美国 ChemCo Systems 公司和日本 Watanabegumi 公司生产的环氧沥青。从生产与应用工艺角度来看，两者完全不同。美国环氧沥青是由两组分构成：A 组分为固化剂、相溶剂、添加剂等加入沥青中形成的共混物；B 组分为环氧树脂。制备方式：先使 A、B 组分在规定的温度下预热，然后将 A、B 组分在要求的温度下拌和形成环氧沥青结合料，再投入集料中构成环氧沥青混合料。日本环氧沥青由三组分构成：A 组分为环氧树脂主剂，B 组分由固化剂、促进剂和添加剂混合而成，C 组分为基质沥青或改性沥青。制备方式：先使 A 组分在规定的温度下预热，然后将 A、B 组分在要求的温度下拌和形成环氧树脂混合物，最后将环氧树脂混合物、沥青与集料同时混合构成环氧沥青混合料。

考虑到施工工艺的复杂程度，本书确定制备的环氧沥青由两组分构成：A 组分为固化剂、相溶剂、增韧剂加入沥青中形成的共混物；B 组分为环氧树脂和稀释剂。

2.2.3.1　环氧沥青 A 组分制备方式的研究

聚合物共混物的制备方式有多种，制备工艺不同，各掺入材料在共混体系中的分散情况也不相同，导致聚合物均匀性、稳定性各异。为了分析不同制备方式对共混物均匀性、稳定性的影响，本书采用胶体磨、高速剪切仪和普通搅拌的方式分别制备环氧沥青 A 组分样品，进行离析试验，测试软化点差值。采用胶体磨与高速剪切仪制备 A 组分时，先将 POE 加入 120℃ 的沥青中，待 POE 完全溶入沥青后，依次加入固化剂、相溶剂，采用胶体磨与高速剪切仪进行制备，试验设备如图 2.17 和图 2.18 所示，三种样品的软化点差值试验结果如图 2.19 所示。

通过图 2.19 可以看出，不同制备方式对于组分 A 的稳定性几乎没有影响，因此，环氧沥青 A 组分采用普通搅拌的方式制备。

图 2.17　胶体磨

图 2.18　高速剪切仪

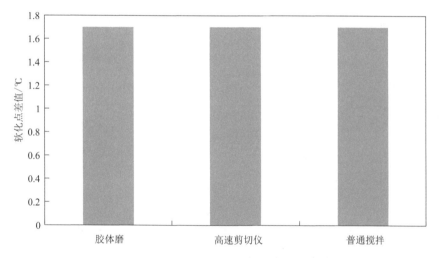

图 2.19　不同方式制备的 A 组分软化点差值结果

2.2.3.2　环氧沥青制备方式的研究

环氧沥青是由 A、B 组分在一定工艺下混合而成的，混合工艺的不同，导致其固化反应进程及生成的固化物性能都可能不同。为了分析不同制备方式对环氧沥青固化反应进程及固化物性能的影响，本书选取并测试了胶体磨、高速剪切仪和普通搅拌三种制备方式下，环氧沥青的体系黏度增长情况以及在120℃条件下养护 4 h 成型的固化物拉伸强度值，试验结果如图 2.20 和图 2.21所示。

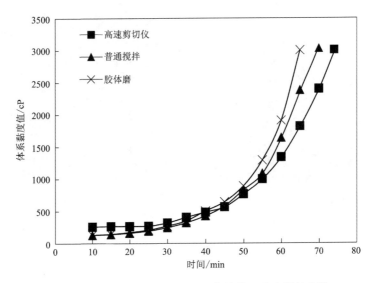

图 2.20　不同制备方式下环氧沥青的体系黏度增长曲线

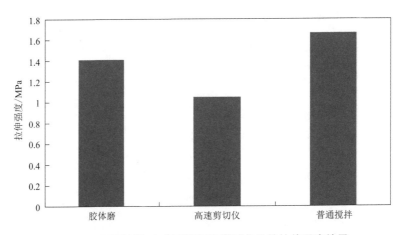

图 2.21　不同制备方式下环氧沥青固化物的拉伸强度结果

通过图 2.20 可以看出,不同制备方式对环氧沥青固化进程有一定的影响。三种方式制备出的环氧沥青体系黏度增长趋势相同,但高速剪切仪制备样品的体系黏度增长速率比其他两种制备方式制备的样品体系黏度增长速率稍低,其体系黏度值达到 1000 cP 的时间为 55 min,而胶体磨、普通搅拌制备样品的体系黏度达到 1000 cP 的时间都为 54 min,三者中最大与最小的差值为 1 min。随着固化反应的进行,三种制备样品的体系黏度急剧增长,高速剪切仪、胶体磨、普通搅拌制备样品达到 3000 cP 的时间分别为 75 min、65 min、70 min，三者中最大与最小的差值为 10 min。通过图 2.21 可以看出，不同制备方式下环氧沥青固化物拉伸强度差异较大，胶体磨方式制备样品的拉伸强度最高，达到 1.66 MPa，高速剪切仪方式制备样品的拉伸强度最低，仅为 1.04 MPa，两者相差 0.62 MPa，而将制备方式由高速剪切调整为普通搅拌，其强度增长了 59.6%。这说明，普通搅拌方式在环氧沥青固化反应过程中没有影响环氧树脂与固化剂的交联程度，而采用其他两种制备方式都对环氧树脂与固化剂的交联程度有影响，且高速剪切仪制备方式的影响最大。但是在环氧沥青固化反应的前期，由于反应速率缓慢，不同制备方式对环氧树脂与固化剂交联程度的影响并不明显，随着固化反应速率的加快，此种影响才越发明显。因此，环氧沥青的制备方式采用普通搅拌。

2.3 环氧沥青性能试验结果

为了检验自制的环氧沥青性能，按照《公路钢桥面铺装设计与施工技术规范》(JTG/T 3364—02—2019)中提出的环氧沥青结合料技术要求及试验方法，本书对 EP-POE/As、EP-As 进行了测试，并列出了美国 ChemCo Systems 公司开发的环氧沥青及日本 Watanabegumi 公司生产的环氧沥青的性能，其试验结果如表 2.16 所示。

表 2.16 不同环氧沥青结合料性能试验结果汇总

类型 试验项目	EP-POE/As	EP-As	美国 环氧沥青	日本 环氧沥青*	技术 要求
拉伸强度(25℃)/MPa	1.64	1.60	1.82	2.40	≥1.5
断裂伸长率(25℃)/%	216	204	>220	>220	≥200
含水率(7 d, 25℃)/%	0.20	0.18	0.12	0.16	≤0.3
热固性(300℃)	不熔化	不熔化	不熔化	不熔化	不熔化
黏度增至 1 Pa·s 的时间 (120℃/160℃)/min	55	60	56	>90	≥50

注：日本环氧沥青黏度增至 1 Pa·s 的时间采用的试验温度为 160℃，其余材料为 120℃。

通过表 2.16 可以看出，四种环氧沥青均能满足《公路钢桥面铺装设计与施工技术规范》(JTG/T 3364—02—2019) 中提出的环氧沥青结合料技术要求。从拉伸强度来看：日本环氧沥青>美国环氧沥青>EP-POE/As>EP-As，EP-POE/As 与 EP-As 拉伸强度值相差不大；对于材料韧性：美国和日本环氧沥青稍优于 EP-POE/As 和 EP-As，随着 POE 的加入，环氧沥青固化物的延伸性能提高了 5.9%；从体系黏度增至 1 Pa·s 的时间来看：日本环氧沥青允许施工容留时间最长，EP-As 次之，EP-POE/As 和美国环氧沥青几乎一样。

2.4 环氧沥青电镜扫描结果分析

材料的性能与材料的细观结构是密切相关的。环氧沥青具有优良的路用性能是由于环氧沥青属于热固性材料，不同于普通沥青的热塑性，其抵抗外力变形主要是依赖环氧树脂与固化剂反应生成的不溶的三维网状结构。为了改善环氧沥青的低温柔韧性，本书采用在环氧沥青体系中加入 POE 材料的方式来实现，试验数据证明，POE 能有效地改善环氧沥青材料的柔韧性能。为了揭示 POE 改善环氧沥青性能的原因，本书采用日本电子株式会社的 JSM-6360LV 型扫描电镜，在 10~20 kV 工作电压下观察了 (POE+沥青) 试样、EP-POE/As 试样和 EP-As 试样的微观结构，从材料的微观结构来分析 POE 的加入对材料的影响。

本书首先观察了 POE 材料在沥青中的分散情况。样品的制备过程：在 120℃沥青溶液中加入 POE 材料，搅拌直至 POE 完全溶解于沥青中，最后将混合物冷却至室温，将冷却后的混合物试样干燥后，放在液氮中冷却，然后淬断得到断面。对断面喷金后用于电镜观察。试样的微观结构如图 2.22 所示。在图中可以清晰看到 POE 的小颗粒(≤10 mm)分散在沥青中。由于 POE 的加入量很少(3%)，所以很少看到团聚的情况。实际上，POE/沥青体系中除少量黑色沥青质外可以完全溶解在 80℃的正庚烷溶液中，根据相似相容原理，这种试验现象表明两者具有很好的相容性。但是当温度降低时，POE 会发生固-液相变，从溶液中析出，故而会看到在沥青中有 POE 的分散相粒子。

进一步采用扫描电镜对 POE 改性前后的环氧沥青固化体系进行观察，如图 2.23 所示。从图中可以明显发现沥青以及 POE 弹性体颗粒均以椭球形结构均匀分散在环氧树脂中。值得注意的是，在加入 POE 的环氧沥青体系中，大的

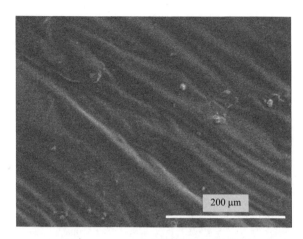

图 2.22 POE 在沥青中的分散情况

分散相粒子要多于不加 POE 的环氧沥青体系，这些大的分散相粒子很可能是 POE 颗粒。这说明了 POE 在高温条件下能够以小颗粒形式溶入环氧固化体系中。POE 作为一种大分子弹性体，其玻璃化温度较沥青材料低，在低温下的延伸性优于沥青材料，故能通过 POE 对环氧固化体系进行增韧，且 POE 在固化体系中分散均匀，其构成环氧固化物的性能很稳定。

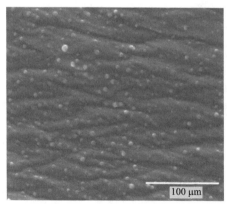
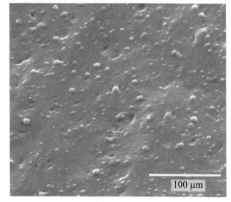

(a)未加POE   (b)加入POE

图 2.23 120℃固化温度下的环氧沥青扫描电镜图

同时，本书还比较了不同固化温度下的 EP-POE/As 体系的照片，如图 2.24 所示。结果表明，在 120℃条件下固化的颗粒尺寸明显要大于 140℃条件下固化的颗粒尺寸，且分散均匀程度不如 140℃条件下。这说明了 POE 随着温度的升高，其在环氧固化体系中的分散效果会更好，对应的固化产物的柔韧性也更好，性能更稳定。

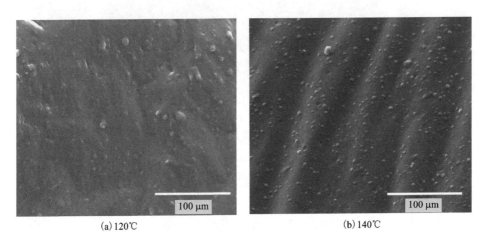

(a) 120℃　　　　　(b) 140℃

图 2.24　不同固化温度下固化 4 h 后的 EP-POE/As 形貌

2.5　环氧沥青经济性能分析

为了使制备出的环氧沥青能更好地推广应用，其经济性能也是必须考虑的一个重要因素。对比分析了几种环氧沥青材料的价格，具体如表 2.17 所示。

表 2.17　各种环氧沥青材料价格表

环氧沥青类型	EP-POE/As	美国环氧沥青	日本环氧沥青
单价/(元·t^{-1})	16000~20000	60000~70000	140000~150000

通过表 2.17 可以看出，三种环氧沥青中，EP-POE/As 的价格最便宜，还

不到美国和日本环氧沥青价格的 30% 和 15%。这是由于 EP-POE/As 中沥青所占比重较高，达到了 62.8%，且制备环氧沥青的原材料市场上容易采购，原材料除增韧剂外都是由国内生产的，因此 EP-POE/As 的经济性能明显优于美国和日本环氧沥青。

2.6　小结

本章首先分析了环氧沥青开发的技术要求。然后在环氧沥青原材料选择过程中通过理论分析，并结合相关试验数据，确定了原材料类型；通过正交试验分析了各种材料掺量对环氧沥青性能的影响，并结合电镜扫描和红外光谱分析结果，确定了环氧沥青的配比。最后，分析了不同制备方式对环氧沥青性能的影响，确定了最佳制备方式，并对制备出的环氧沥青进行了性能试验和微观结构分析。得出的结论具体如下。

（1）不同沥青由于四组分的含量各异，影响其与环氧树脂的相容性及环氧沥青体系黏度的增长。沥青质与胶质含量越高，其与环氧树脂的相容性越好。不同品牌的沥青制备出的环氧沥青，其体系黏度值的变化与时间的增长趋势基本一致，在相同温度下，其初始黏度值几乎一样，随着固化反应的进行，由于沥青的不同其对环氧固化反应进程产生的影响越明显，表现为制备出的环氧沥青体系黏度随固化反应的进行差值越大。

（2）环氧沥青体系中，沥青用量对环氧固化物拉伸强度、延伸率及环氧沥青共混物体系黏度的影响程度是占主导地位的。随着沥青用量的增加，环氧沥青固化物的拉伸强度迅速降低，当沥青用量从 350 份增加至 450 份，增加了 28.6%，环氧沥青固化物强度下降了 68.4%，环氧沥青共混物体系黏度达到 1000 cP 的时间和值提高了 20%。固化物 25℃ 的延伸率和值提高了 11%，−10℃ 的延伸率和值降低了 13.2%。

（3）酚类化合物可以有效地降低环氧树脂与沥青间的界面张力，使沥青在环氧树脂中分散与稳定，形成性能稳定的混合物。随着相溶剂用量的增加，沥青颗粒分散得更均匀；但相溶剂的过量增加，会降低环氧沥青固化物的力学性能，其最佳掺量的确定与相溶剂的分子结构及其在沥青和环氧树脂中的溶解度有关。

（4）POE 作为增韧剂，其用量对环氧固化物拉伸强度、25℃延伸率及环氧沥青共混物体系黏度的影响程度不如沥青用量、稀释剂用量和相溶剂用量，但是其对-10℃延伸率的影响程度仅次于沥青用量。随着增韧剂用量的增加，环氧沥青固化物的低温延伸率得到提高，且不会影响环氧固化体系的交联化程度，有效地解决了普通环氧树脂固化物较硬、较脆的问题。当增韧剂用量从 2 份增加至 6 份，增加了 200%，-10℃的延伸率和值提高了 4.0%。

（5）POE 弹性体对环氧固化体系增韧的方式：在环氧固化体系中，以椭球形结构均匀分散在环氧树脂构成的连续相中，且固化反应温度越高，POE 在固化体系中的颗粒粒径越小，分散得越均匀。

（6）不同制备方式对于组分 A 的稳定性几乎没有影响，但是不同的环氧沥青制备方式对环氧固化反应过程有较明显的影响，所形成的固化物的强度也各异。对于用三种方式制备出的样品，从体系黏度达到 3000 cP 的时间来看，普通搅拌方式居中，比高速剪切仪方式少 5 min，比胶体磨方式多 5 min；从拉伸强度的结果来看，普通搅拌方式最优，比高速剪切仪方式和胶体磨方式分别高出了 59.6% 和 18.6%。

（7）EP-POE/As 能够满足《公路钢桥面铺装设计与施工技术规范》（JTG/T 3364—02—2019）中提出的环氧沥青结合料技术要求。

（8）EP-POE/As 与美国和日本环氧沥青相比，其价格还不到美国和日本环氧沥青价格的 30% 和 15%。EP-POE/As 的经济性能明显优于美国和日本环氧沥青。

第 3 章

环氧沥青流变行为研究

　　沥青是典型的黏弹性液体，作为常用的路面材料，其流变特性直接影响施工工艺和路面性能。众多研究者对沥青的流变行为展开了研究，然而目前对应用前景日益广阔的环氧树脂改性沥青（简称环氧沥青）的流变特性研究仍然不足。由于环氧树脂在一定条件下会发生聚合交联反应，其体系黏度随环氧树脂固化反应的进行而逐渐增长，且环氧沥青固化反应的过程中温度越高，则反应速度越快，体系黏度增长得越迅速。这种包含化学反应的流变行为必然和沥青的流变行为存在差异。另外，固化后形成的环氧沥青体系的流变行为是否与普通沥青的一致，仍然需要深入研究。根据前人的研究结果，沥青的黏弹性随温度变化而改变，同时与施加荷载频率有关。沥青体系的模量一般随着温度升高而降低，随频率提高而增加，但这种变化趋势与沥青结构和等级有关。本书为了改善环氧沥青的低温韧性，在其中加入弹性粒子 POE，这势必会影响沥青及其环氧沥青的流变行为。因此，本书在前述章节的基础上，对改性前后沥青体系的化学流变行为和动态流变行为进行了深入研究，分析了时间、温度对环氧沥青固化反应过程的影响，以及温度和频率对环氧沥青的复合模量、损耗模量、储能模量、复合黏度等流变性能指标的影响。

3.1　环氧沥青的化学流变行为

　　本书所采用的环氧树脂为双酚 A 型环氧树脂 EP-51，是由双酚 A、环氧氯丙烷在碱性条件下缩合，经水洗，脱溶剂精制而成的。在一定条件下，环氧树脂在固化剂（如胺类、酸酐类）的作用下会发生固化反应，其反应过程如图 3.1 所示。

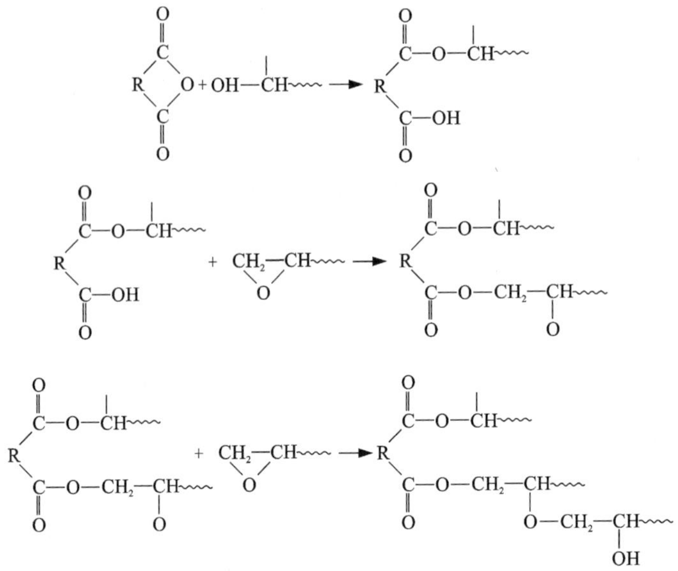

图 3.1 环氧树脂固化反应过程(以酸酐类固化剂为例)

环氧沥青的固化反应程度与其流变行为密切相关,当固化反应完全进行后,树脂将失去流动性。这种固化过程不仅与材料组成有关,还与反应温度和施加的剪切作用有关,其剪切黏度可以用剪切速率 γ、温度 T 和固化反应程度 α 的函数表示:

$$\eta = f(\gamma, T, \alpha) \qquad (3.1)$$

由于固化反应的复杂性,想要定量地描述尚存在一定的困难,因此一般采用半经验公式进行描述。在较早时候,Gibson 采用了一个半经验公式来概括热固性聚合物在某一温度下的流动随时间增长而变化的规律,如式(3.2)所示:

$$\eta = A e^{at} \qquad (3.2)$$

式中:A、a 均为常数。

此外,热固性聚合物的温度对流动性的影响可以用硬化时间 H 来表征:

$$H = A' e^{-bT} \qquad (3.3)$$

式中:A'、b 均为常数。

实际上,热固性聚合物在聚合过程中最初随着温度的增加,体系黏度下降;之后随着温度的进一步增加,固化反应加速,体系黏度迅速上升。固化过程中考虑到时间和温度的影响，对大部分热固性聚合物而言，在一定温度 T 下，时间 t 对其固化速度的影响用如下经验公式表示：

$$v_c = A\mathrm{e}^{at+bT} \tag{3.4}$$

对于热固性聚合物在固化过程中流变行为的研究，众多研究者分别提出了一系列有关模型和经验公式，主要有基于 Arrhenius 的动力学模型和大分子链自由体积模型，但更多的是依据数据提出的一些半经验公式。

Martin 等（1989）及 Kojima 等（1986）采用 Arrhenius 的一级化学反应模型，对环氧树脂的化学流变行为进行了概括，如下式所示：

$$\ln \eta(t, T) = \ln \eta_0 + \frac{E_v}{RT} + K_k \int_0^t \exp\left(\frac{E_k}{RT}\right) \mathrm{d}t \tag{3.5}$$

式中：$\eta(t, T)$ 为随时间和温度变化的函数；η_0 为时间为 0 时的黏度；K_k 为表观速率常数；E_v 和 E_k 分别为黏流活化能和动力学活化能；R 为普适气体常数。

Dusi 等提出的模型则是对上述公式的改进，如下式所示：

$$\ln \eta(t, T) = \ln \eta_0 + \varphi\exp\left(\frac{-E_k}{RT}\right) \mathrm{d}t \tag{3.6}$$

式中：f 为表征分子链缠结的一个系数。

随后，Roller 等提出了等温过程和非等温过程的化学流变模型：

$$\ln \eta(t) = \ln \eta_\infty + \frac{E_\eta}{RT} + tk_\infty \exp\left(\frac{E_k}{RT}\right) \text{（等温化学反应）} \tag{3.7}$$

$$\ln \eta(t, T) = \ln \eta_\infty + \frac{E_\eta}{RT} + \int_0^t K_\infty \exp\left(\frac{E_k}{RT}\right) \mathrm{d}t \text{（非等温化学反应）} \tag{3.8}$$

此外，还有针对多级化学反应提出的修正模型，例如 Knauder 等提出的如下模型：

$$\ln \eta(t, T) = \ln \eta_0 + \frac{E_v}{RT} + K_k \int_0^t (1 - a)^n \exp\left(\frac{E_k}{RT}\right) \mathrm{d}t \tag{3.9}$$

式中：a 为转化率。

Malkin 和 Kulichikin 指出，在假设反应均匀进行时，不考虑扩散过程的反应的影响以及凝胶过程对化学反应的影响，其环氧树脂的固化过程的流变行为可以简单概括如下：

$$\eta = Kt^a \tag{3.10}$$

式中：K 为常数。

Lane 和 Khattack 则考虑了温度对其反应过程的影响：

$$\ln \eta = \ln \eta_0 + \frac{E_v}{RT} + Ka \qquad (3.11)$$

Duis 等则对非等温条件下的一级反应固化过程的流变行为进行了概括：

$$\eta = \eta(T) + \exp(\varphi kt) \qquad (3.12)$$

式中：当 T 不变时，$\eta(T)$ 是一个常数；k 为化学反应速率常数。

上述模型均只考虑了温度和时间对固化反应过程的影响。但是，由于剪切作用会降低反应活化能，同时摩擦生热，这会加快固化反应速度，因而也会使得体系的固化反应速率加快。然而由于剪切作用的复杂性，目前还没有能够准确概括剪切作用对固化反应过程影响的模型。因此，本书对此的研究亦只是固定在一个剪切速率（50 rad/min，即 5.23 s⁻¹）下进行测试，以简化预测模型，提高其准确性。

3.2 时间和温度对环氧沥青流变行为的影响

为了分析 POE 的加入对环氧沥青流变行为的影响，本书以环氧沥青反应过程中的体系黏度作为研究对象，采用 Brookfield 黏度计，剪切速率为 50 rad/min，即 5.23 s⁻¹ 进行试验，记录了体系黏度随温度和时间变化的情况，其结果如图 3.2 所示。

通过图 3.2 可以看到，随着反应时间的增加，体系的剪切黏度先缓慢增加或者几乎不变，到达某一时间后迅速上升直至无法测出；同时随着反应温度的延长，体系的剪切黏度上升趋势愈加迅速。本书分别从反应时间和反应温度两个方面进行讨论，分析反应时间、反应温度对体系黏度的影响。

3.2.1 反应时间对体系黏度的影响

通过图 3.2 可以看到，不同温度下体系的剪切黏度均随着反应时间的增加先缓慢增加或几乎不变，即存在一个诱导期（也称平坦期）。当度过这个诱导期之后，体系黏度迅速增加。这是由环氧树脂的固化特性决定的，与固化反应所采用的固化剂体系有关。在诱导期内，环氧树脂之间的固化反应还没有开始或者反应程度较低，此时环氧树脂充当溶剂，体系黏度不高。然而当固化反应随

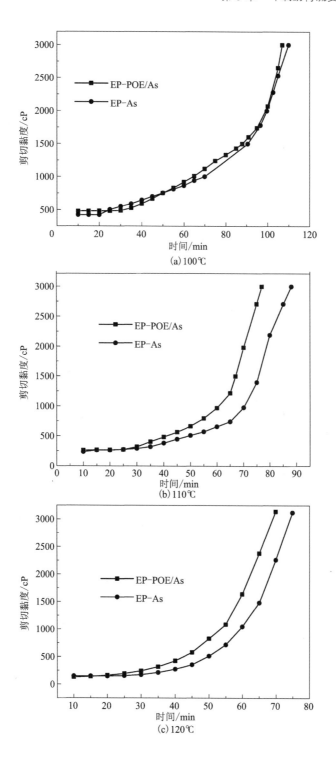

(a) 100℃

(b) 110℃

(c) 120℃

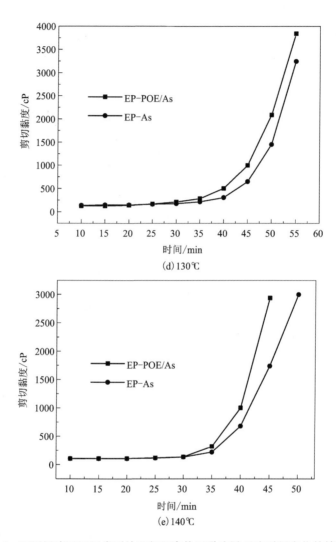

图 3.2　不同温度下不同类型的环氧沥青体系黏度随反应时间变化的情况

着时间进一步增强时，由于反应放热会加大固化反应速率，从而使得交联程度迅速增大，空间交联网络逐渐生成，虽然此时沥青组分在剪切作用下仍然表现出了一定的流变性，但环氧树脂已经形成凝胶网络结构，因此体系黏度会迅速增加。这意味着环氧沥青混凝土在施工过程中，需要避免在环氧树脂完全固化之后进行，否则会造成混凝土的碾压不密实，空隙率过大。

在图 3.2 中还可以看到,加入 POE 的环氧沥青在反应初期(前 30 min 左右,诱导期)对环氧沥青的流动性影响并不大,但随着反应时间的延长,POE 对体系黏度的影响逐渐明显,特别是在后期的凝胶化阶段,POE 的加入导致了体系黏度的增加。这是因为 POE 是一种高分子弹性体,其黏度较沥青要高很多;在本书中,由于 POE 的加入量较小,环氧沥青共混体系在反应初期所表现出来的流动性主要还是低黏度的环氧树脂(预聚体)溶液和低黏度沥青的共同作用。当环氧树脂逐渐固化之后,此时体系的流动性主要取决于弹性体/沥青的流动性。然而由于 POE 的流动性比环氧树脂(固化前)和沥青都要差,因此当加入 POE 之后,体系黏度要比未加时高。

3.2.2　反应温度对体系黏度的影响

环氧固化反应遵循固化反应动力原理,温度的升高会加剧聚合反应的进行,导致体系黏度进一步升高。从图 3.2 中可以看出,随着温度的升高,环氧沥青在反应的诱导期内的体系黏度增长趋势大体相同,当度过诱导期后,体系黏度–时间曲线的斜率随着反应温度的升高明显变大。相关研究结果表明,环氧沥青体系黏度超过 3000 cP 时不适合进行混合料施工。本书测试了不同反应温度下环氧沥青体系黏度达到 3000 cP 所需要的时间,其结果如图 3.3 所示。

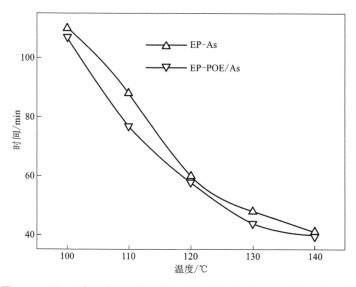

图 3.3　不同反应温度下环氧沥青体系黏度达到 3000 cP 所需要的时间

从图 3.3 中可以看到，不论是否添加 POE，环氧沥青体系达到 3000 cP 的时间随着温度的升高都越来越短，在 100℃时所需时间最长为 110 min，而在 140℃时最短只需要 41 min。此外，度过诱导期的环氧沥青凝胶化过程也越来越快。这主要是由于温度越高，环氧树脂的固化反应速度越快，形成凝胶网络结构的速度就越快。随着 POE 的加入，环氧沥青体系凝胶化时间提前，除了 110℃时提前的时间稍长，其他温度时提前的时间并不多(1~4 min，约 2.5%)。这说明加入 POE 并未对环氧沥青固化反应过程造成很大的影响，而且反应温度对这种差异的影响也比较小。因此，POE 的加入只会使环氧沥青体系黏度在后期略有增加，但对体系凝胶化时间的影响比较小。

3.3　环氧沥青凝胶化过程动力学模拟

第 3.1 节从理论上描述了环氧沥青共混物在固化反应过程中的流变特征。为了更好地指导施工，需要对环氧沥青体系的凝胶化时间有一个准确的判断。在本节中，将利用前述的一些经验公式来预测环氧沥青体系产生凝胶化的时间。由于凝胶化时间的预测与环氧沥青体系的组成，特别是固化体系有紧密联系，对于多组分体系，其影响因素非常复杂。为了方便模拟，我们固定其中的配方设计，只改变温度，从而判断在不同温度下环氧沥青体系凝胶化达成时间。

基于本书中固化体系的未知性所导致的反应复杂程度，本书采用如下经验公式来进行拟合：

$$\eta = \eta_0 e^{kt} \quad \text{或} \quad \eta = \eta_0 \exp(kt) \quad t > t_0 \tag{3.13}$$

式中：k 为与化学反应级数有关的速率常数，和组分含量、浓度、压力、温度等热力学条件有关；t_0 为与固化体系有关的时间量，称为诱导期，在本书中与 POE 含量和温度有关。

在诱导期内，环氧沥青体系黏度几乎不会发生变化。由于受到测试条件的限制(每隔 5 min 取一个数据点)，在确定诱导期时只能通过所测定的黏度-时间曲线大致判断。对式(3.13)进行对数化处理，得到如下线性关系：

$$\ln \eta = \ln \eta_0 + kt \tag{3.14}$$

根据式(3.14)，可以通过对所测定的黏度-时间曲线进行模拟，得出未知参数 η_0、k 等值，去掉诱导期后的黏度-时间曲线及其拟合曲线如图 3.4 所示。

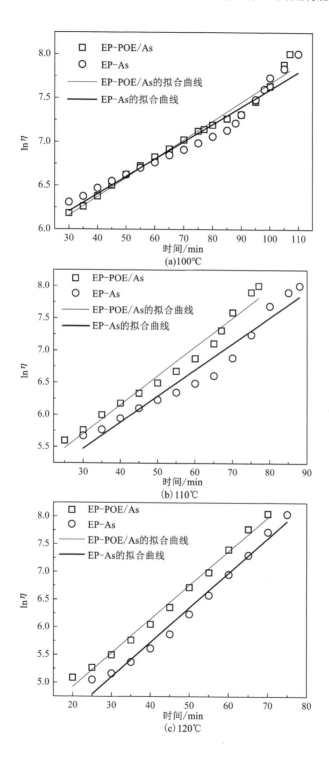

(a)100℃

(b) 110℃

(c)120℃

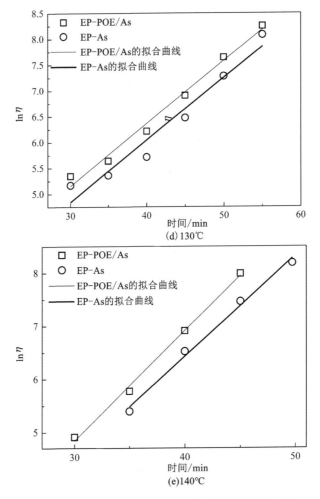

(d) 130℃

(e) 140℃

图 3.4 去掉诱导期后的黏度-时间曲线及其拟合曲线

通过拟合,得到的各公式如表 3.1 所示。

表 3.1 两种环氧沥青体系中的拟合模型

温度/℃	EP-As 体系的拟合式	t_0/s	EP-POE/As 体系的拟合式	t_0/s
100	$\ln \eta = 5.61 + 0.020t$	30	$\ln \eta = 5.51 + 0.022t$	30
110	$\ln \eta = 4.25 + 0.041t$	30	$\ln \eta = 4.36 + 0.045t$	30
120	$\ln \eta = 3.23 + 0.063t$	30	$\ln \eta = 3.70 + 0.061t$	30

续表3.1

温度/℃	EP-As 体系的拟合式	t_0/s	EP-POE/As 体系的拟合式	t_0/s
130	$\ln \eta = 1.23 + 0.12t$	30	$\ln \eta = 1.52 + 0.12t$	30
140	$\ln \eta = -1.16 + 0.19t$	30	$\ln \eta = -1.37 + 0.21t$	30

3.4 不同温度下的环境沥青凝胶时间

表 3.1 中的拟合式是基于等温情况做出的,实际上施工过程大多数无法保证等温性,因此本书尝试从上述的模拟中考虑温度的因素后对凝胶时间进行预测。在不考虑扩散和凝胶化作用对化学反应的影响下,采用 Arrhenius 公式来考察温度对其凝胶化反应过程的影响。

对于黏度随温度变化的情况,一般采用 Andrade 黏度经验公式来概括:

$$\ln \eta = \ln A + \frac{E_v}{RT} \qquad (3.15)$$

式中:E_v 为黏流活化能,表征材料内部分子移动过程中克服彼此之间的内摩擦产生的势垒需要的最低能量;A 为常数;R 为气体常数;T 为温度。

将表 3.1 中的 $\ln \eta$ 值代入式(3.15),根据式中的线性关系,我们通过线性拟合可以求出 $\ln A$ 和 E_v 的值,如表 3.2 所示,$\ln \eta$ 与 $1/T$ 的关系如图 3.5 所示。

表 3.2 通过拟合得到 $\ln A$ 和 E_η/R 的值

体系	$\ln A$	E_η/R
EP-As	−62.0	2.54×10^4
EP-POE/As	−61.9	2.54×10^4

由式(3.14)和式(3.15)可以得到:

$$\ln \eta = \ln A + \frac{E_v}{RT} + kt \qquad (3.16)$$

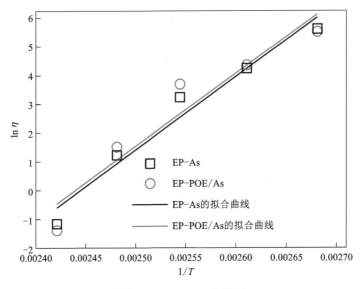

图 3.5　ln η-1/T 关系图

同时，又由于 k 是化学反应速率常数，其与温度的关系可以概括为下式：

$$k = Be^{-\frac{E_a}{RT}} \quad 或 \quad \ln k = \ln B - \frac{E_a}{R} \cdot \frac{1}{T} \tag{3.17}$$

式中：B 为材料常数。

结合表 3.1，利用式（3.17）进行线性拟合，可以得到 $\ln B$ 与 E_a/R 的值，如表 3.3 所示。$\ln k$ 与 1/T 的关系如图 3.6 所示，它们之间显示了良好的线性关系。

表 3.3　线性拟合得到的 $\ln B$ 与 E_a/R 值

体系	$\ln B$	E_a/R
EP-As	19.2	8.60×10^3
EP-POE/As	18.9	8.46×10^3

将式（3.17）代入式（3.16）中，就可以得到黏度与温度和时间的关系。

$$\ln \eta = \ln A + \frac{E_v}{RT} + Be^{-\frac{E_a}{RT}}t \tag{3.18}$$

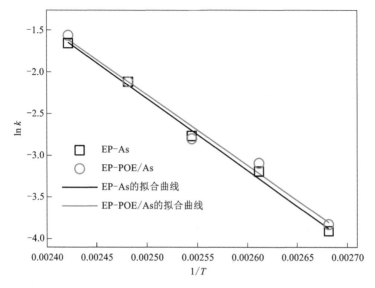

图3.6 ln k–1/T 关系图

将所得物理量的具体值代入式(3.18)中，就可以预测不同温度和时间下环氧沥青体系的凝胶时间，如式(3.19)和式(3.20)所示。

EP–As：

$$\ln \eta = -62.0 + 2.54 \times 10^4 \cdot \frac{1}{T} + 2.18 \times 10^8 \cdot e^{-\frac{8.60 \times 10^3}{T}} \cdot t \qquad (3.19)$$

EP–POE/As：

$$\ln \eta = -61.9 + 2.54 \times 10^4 \cdot \frac{1}{T} + 1.61 \times 10^8 \cdot e^{-\frac{8.46 \times 10^3}{T}} \cdot t \qquad (3.20)$$

式中：T 的单位为绝对温度；时间 t 单位为 min；黏度 η 单位为 Pa·s。

如果已知施工拌和的温度，假定在施工过程中温度不发生变化，则可以预测在该施工拌和温度下所能持续的最长时间。上述两式中，需要注意的是，当环氧沥青体系还未发生明显的聚合反应时，黏度较低，几乎不随时间变化而变化，这段时间即为诱导期。在诱导期阶段，黏度增长较小，并不能用上述两式概括，因此这里主要是用于预测黏度较高即将形成凝胶的时间，凝胶时间预测公式如式(3.21)和式(3.22)所示。

EP-As：

$$t = \frac{\ln t + 62.0 - 2.54 \times 10^4 \cdot \dfrac{1}{T}}{2.18 \times 10^8 \times e^{-\frac{8.60 \times 10^3}{T}}} \tag{3.21}$$

EP-POE/As：

$$t = \frac{\ln \eta + 61.9 - 2.54 \times 10^4 \cdot \dfrac{1}{T}}{1.61 \times 10^8 \times e^{-\frac{8.46 \times 10^3}{T}}} \tag{3.22}$$

3.5　环氧沥青的动态流变行为

环氧沥青作为铺装材料，其在使用过程中受到的不是静止的荷载，而是连续不断反复变化的荷载；环氧沥青作为一种黏弹性材料，其对于荷载的响应随加载的频率和温度而实时变化。为了保证环氧沥青铺装材料具有良好的路用性能，环氧沥青在加载频率和温度变化下，必须具有良好的抵抗变形的能力。为了分析环氧沥青的动态流变行为，揭示材料体系的微观力学特性与结构，本书采用动态剪切流变仪（DSR），研究了在线性黏弹性范围内，材料输入与响应随试验温度变化的情况，以及体系的黏度与模量随动态交变应力响应的情况，分别对材料进行了应变扫描、温度扫描和频率扫描，其结果如下。

3.5.1　应变对材料流变行为的影响

对各沥青体系在不同的温度下（25℃和60℃）进行应力-应变扫描，以确定线性黏弹性区间，结果如图3.7和图3.8所示。从图中可以看出，在1%（0.01）的应变范围之内，As体系和EP-POE/As体系的应力-应变行为符合线性关系。由于25℃时材料的黏性较大，此时线性黏弹性的应变范围应该最小。当温度升高时，体系的黏度必然降低，线性黏弹性的应变范围也会增大。在60℃时，应力-应变的线性范围已经达到20%（0.2）甚至100%（1.0，沥青和EP-As体系）的应变位置。为了使所有体系的测试在应力-应变的线性范围之内，这里选择1%的应变作为所有温度下测试的控制条件。

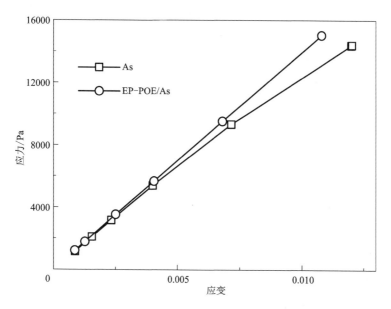

图 3.7   不同沥青体系在 25℃时的应力-应变曲线（频率为 1.6 Hz）

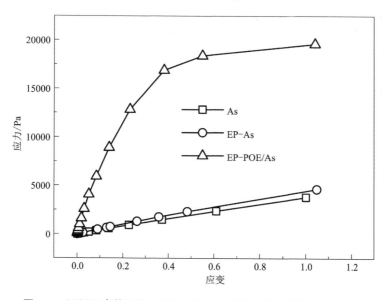

图 3.8   不同沥青体系在 60℃时的应力-应变曲线（频率为 1.6 Hz）

3.5.2 温度对材料流变行为的影响

3.5.2.1 温度对材料的模量及损耗因子的影响

在第3.5.1节的基础上，我们先进行了温度扫描，考察温度对As、EP-As、EP-POE/As 三种材料模量和体系黏度的影响。试验中，温度扫描的区间是40~80℃，荷载作用频率为10 rad/s（角频率）。数据频率为2℃采集一个数据。试验采用直径为25 mm 的圆盘转子，两个圆盘间的间隙为1 mm，采用应变为1%的应变控制模式。各种材料的弹性模量（G'，也称储能模量）和黏性模量（G''，也称损耗模量）随温度变化的情况如图3.9所示。

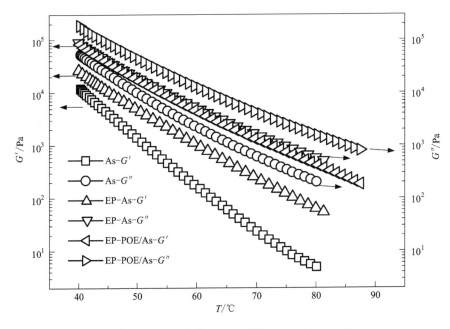

（角频率10 rad/s，应变1.0%，升温速率2℃/min，下同）

图3.9　各种材料在不同温度下的弹性模量（G'）与黏性模量（G''）

从图3.9中可以看到，弹性模量和黏性模量均随温度升高而下降。这是由于沥青类材料具有黏弹特性，随着温度的升高，其逐渐由低温时的高弹态转变为高温时的黏流态，使材料的模量降低。另外，不论是否进行环氧树脂改性，材料的黏性模量都高于弹性模量。这说明在测试的温度范围内，材料的黏性成分大于弹性成分。比较三种材料的试验结果可以看出，弹性模量和黏性模量均为 EP-POE/As 最大，普通沥青最小，EP-POE/As 的弹性模量和黏性模量高出普通沥青 6 倍以上；随着温度的升高，EP-POE/As 弹性模量和黏性模量的降低幅度最小，普通沥青弹性模量和黏性模量的降低幅度最大，且环氧沥青弹性模量和黏性模量的降低幅度几乎相同，而普通沥青弹性模量的降低幅度远大于黏性模量的降低幅度。从 40℃ 至 80℃，普通沥青弹性模量降低了 3 个数量级，而黏性模量降低了约 2 个数量级，EP-POE/As 和 EP-As 的弹性模量和黏性模量降低了约 2 个数量级。这说明，随着温度的升高，沥青材料变形恢复的能力明显衰减，而产生不可恢复变形的可能性逐渐增加，环氧树脂的加入能够提高沥青的刚度及改善沥青的高温稳定性；对比 EP-POE/As 和 EP-As 的试验结果可以看出，POE 的加入使环氧沥青的弹性模量和黏性模量提高了 2~4 倍，说明 POE 的加入能更进一步提高材料的高温稳定性。

图 3.10 是各种材料的损耗因子与温度的关系。从图中可见，损耗因子均随温度升高而增加，然而经过环氧树脂改性后的环氧沥青体系损耗因子增长的幅度远小于普通沥青体系，EP-POE/As 体系损耗因子的变化幅度最小。这说明，随着温度的升高，三种材料的弹性成分降低而黏性成分增加，其中，普通沥青体系的变化幅度最为明显，而 EP-POE/As 体系损耗因子增长的幅度小于 EP-As 体系，表示随着温度的升高，沥青抵抗外力变形的恢复能力下降最快，而产生永久变形的程度增加，高温稳定性最差；环氧树脂的加入能提高沥青体系的弹性性能，使其在外力作用下产生的变形能及时恢复，随着 POE 的掺入，能够进一步提高环氧沥青体系的高温稳定性。

图 3.11 是各种材料复合模量与温度的关系曲线。通过图可以看出，各种材料的复合模量均随温度升高而降低，普通沥青材料的模量最低且随温度的变化幅度最大。这说明，在相同荷载作用下，普通沥青材料抵抗变形的能力最差。随着环氧树脂的加入，沥青体系的模量增加了数倍，且随着温度的升高，提高的幅度越大；随着 POE 的加入，EP-POE/As 的模量比 EP-As 的模量增加了约 2 倍。此外，复合模量 G^* 可由弹性模量(G')和黏性模量(G'')求得，其计算公式如式(3.23)所示，那么，图 3.9 中也能反映材料的模量变化情况。

$$G^* = \sqrt{G'^2 + G''^2} \tag{3.23}$$

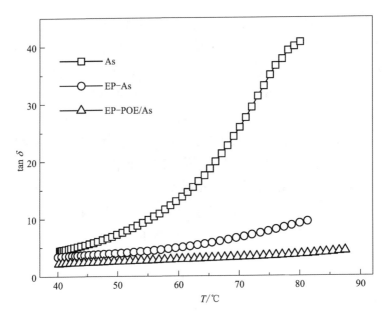

图 3. 10   各种材料的损耗因子与温度的关系

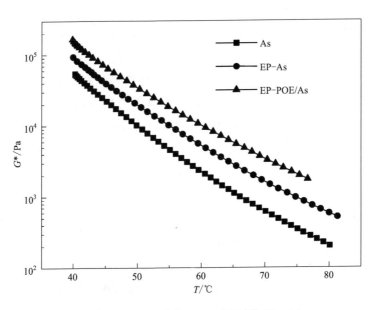

（角频率为 10 rad/s，应变 1.0%，升温速率 2℃/min）

图 3. 11   各种材料在不同温度下的复合模量

3.5.2.2　温度对材料的黏度的影响

根据稳态扫描模式下的关系式(3.24)，可以计算在角频率为 10 rad/s 时测得的各种材料在不同温度下的复合黏度 η^*。

$$\eta(\dot{\gamma})\big|_{\dot{\gamma}=\omega} = \frac{\sqrt{G'^2 + G''^2}}{\omega} \tag{3.24}$$

复合黏度与温度的关系如图 3.12 所示。从图中可见，在测试温度范围内，普通沥青的复合黏度最小，EP-POE/As 的复合黏度最大，各种材料的复合黏度均随温度升高而降低，然而经过环氧树脂改性后的环氧沥青体系复合黏度的降低幅度远小于普通沥青体系，EP-POE/As 体系复合黏度的变化幅度最小。

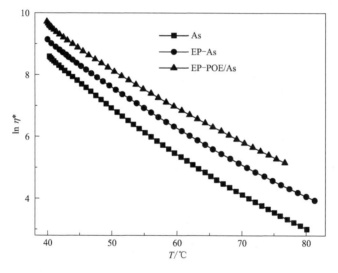

图 3.12　复合黏度与温度的关系

同时，我们还可以采用式(3.15)来拟合黏度与温度的关系，通过式(3.15)可以看出，材料的黏度不仅与温度有关，也与材料的黏流活化能有关，黏流活化能越大，其黏度受温度的影响也越大，即增加温度后体系黏度下降得越明显。材料的复合黏度与温度倒数的关系如图 3.13 所示。从图中可以看到，在不同温度下各材料体系的黏度较符合式(3.15)所描述的线性关系，说明黏流活化能在测试的温度范围内为常数。通过线性拟合，可以很容易得出式(3.15)中具体的物理量值，如表 3.4 所示。

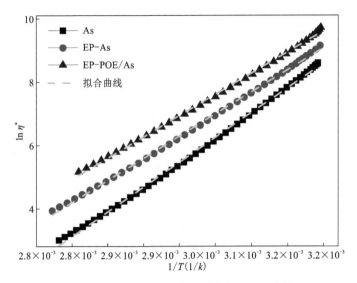

图 3.13　复合黏度(η^*)与温度倒数($1/k$)的关系

表 3.4　各种材料黏度与温度拟合曲线及黏流活化能

材料类型	拟合曲线	$E_\eta/(\text{kJ} \cdot \text{mol}^{-1})$
As	$\ln \eta = -41.6 + 15673/T$	130.3
EP-As	$\ln \eta = -35.6 + 13965/T$	116.1
EP-POE/As	$\ln \eta = -33.3 + 13413/T$	111.5

从表 3.4 中可以明显地看出，普通沥青的黏流活化能最大，EP-As 和 EP-POE/As 的黏流活化能较普通沥青均有下降，同时这两者之间的差异并不大。这说明普通沥青的黏度对温度非常敏感，加入环氧树脂之后，能够有效降低沥青的温度敏感性，提高沥青的高温稳定性，且 POE 的加入能进一步改善材料的温度敏感性。

3.5.2.3　材料的高温抗永久变形能力

美国战略公路研究计划(SHRP)在进行沥青 PG 分级时，采用 $G^*/\sin \delta$ 表征沥青的高温抗永久变形能力，也称为车辙因子。$G^*/\sin \delta$ 为材料损失剪切柔量 J'' 的倒数，J'' 越小，则 $G^*/\sin \delta$ 越大，表示材料的高温抗永久变形性能更优。本书研究了 $G^*/\sin\delta$ 随温度变化的情况，如图 3.14 所示。从图中可以看出，三种材料的车辙因子均随温度升高而近似线性下降，这表明温度越高，材料的抗变形能力就越差。在试验温度范围内，车辙因子从高到低的顺序为 EP-POE/As、EP-As、As。随着环氧树脂的加入，沥青材料的车辙因子增加了数倍，且随着温度的升高，提高的幅度越大；随着 POE 的加入，EP-POE/As 的车辙因子比 EP-As 的车辙因子增加了约 2 倍。这说明，环氧树脂的加入能够提高材料的高温抗车辙能力，且 POE 的加入能进一步提高材料的高温抗永久变形能力。

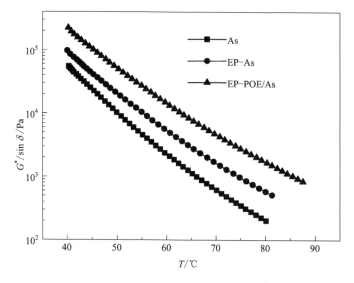

图 3.14　各种材料的 $G^*/\sin\delta$ 与温度的关系

SHRP 规范中要求原样沥青的 $G^*/\sin d \geqslant 1.0$ kPa。为了更直接地了解环氧树脂和 POE 对材料高温抗永久变形能力的影响程度，本书对比了三种材料达到 $G^*/\sin\delta = 1$ kPa 时所对应的温度，通过温度的变化值来反映其影响程度。试验结果如图 3.15 所示。

通过图 3.15 可以看出，随着环氧树脂的加入，EP-As 与沥青相比，它对应温度提高了 9℃，提高了 13.6%；随着 POE 的加入，EP-POE/As 与 EP-As 相比，其对应温度提高了 11℃，提高了 14.9%，EP-POE/As 与沥青相比，其对应温度提高了 20℃，提高了 30.3%，从而再次证明了环氧树脂和 POE 的加入能有效地改善沥青材料的高温性能。

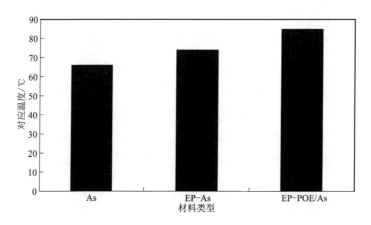

图 3.15　不同材料在 $G^*/\sin\delta = 1$ kPa 时对应的温度

3.5.3　频率对材料流变行为的影响

铺装结构在使用过程中受到的是连续不断的荷载反复作用，不同的荷载作用频率不同，环氧沥青材料表现出的黏弹特性也各异。为了分析在不同环境温度下，材料对于荷载的响应随加载频率变化的情况，本书对 As、EP-As、EP-POE/As 三种材料进行了分析。试验采用双平行圆盘模具，试验温度为：30℃、40℃、50℃，试验采用的频率为 0.01~100 rad/s。

3.5.3.1　频率对复合黏度的影响

根据平行圆盘测试材料黏度的原理，试样在圆盘间受到的剪切速率与转速的关系如下：

$$\gamma = \omega\,\frac{r}{h} \tag{3.25}$$

式中：ω 为转速（角频率）；r 为圆盘内任一处与中心点的距离；h 为平行板之间的距离。

可见，圆盘上任一点处的剪切速率与转速是正比关系，又有：

$$\eta^* = \sqrt{\eta'^2 + \eta''^2} \tag{3.26}$$

式中：$\eta' = \dfrac{G'}{\omega}$；$\eta'' = \dfrac{G''}{\omega}$。

本书分析了不同温度下，材料的复合黏度随频率变化的情况，其结果如图 3.16 所示。

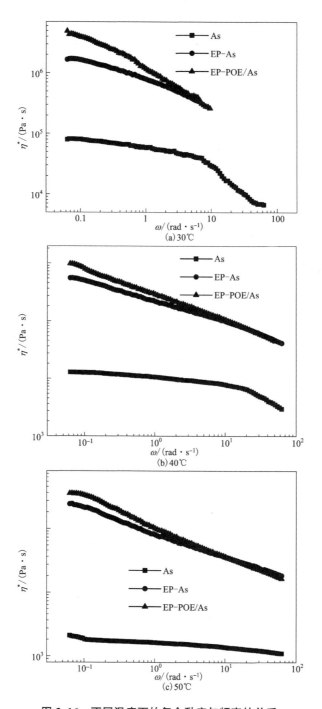

图 3.16　不同温度下的复合黏度与频率的关系

从图 3.16 中可以看到,随着频率的提高,各种沥青的复合黏度均有不同程度的下降。其中,EP-As 及 EP-POE/As 的复合黏度显著高于普通沥青(高出约 2 个数量级)。随着温度的增加,这种黏度与温度的关系也在发生变化。在30℃时,普通沥青体系在低频区黏度的变化较小,近似表现为一个平台。另外,当频率为 10 rad/s 时,黏度突然开始下降,而温度升至 40℃时,黏度出现这种转变的频率提高至 16 rad/s。当温度进一步升高至 50℃时,这种转变在测试范围内都未发现(可能会在更高频率下出现)。这种"剪切变稀"行为在许多文献中都曾分析过。对于环氧沥青体系,可以看到在低频区 EP-POE/As 的复合黏度要高于 EP-As,但当频率逐渐提高时,两者相互靠近;在较高频率时,EP-POE/As 的复合黏度要低于 EP-As。这说明,加入 POE 之后,体系的复合黏度对频率变化更加敏感,即对剪切非常敏感。

3.5.3.2 频率对模量的影响

各种材料的储能模量(G')与损耗模量(G'')随频率变化的表现,如图 3.17所示。在低频区,所有沥青体系的储能模量与损耗模量随频率上升均表现为线性增加,即在低频区表现为线性黏弹性。对于普通沥青,在温度较低(30℃)时,G' 与 G'' 相差不大,两者在低频区相交,而随着频率的提高,曲线开始出现平台,即 G'、G'' 随频率增加较小甚至不变,这与第 3.5.3.1 节中复合黏度出现下降的现象相吻合,表明在该剪切速率下,体系的黏弹性出现了变化。这种变化随着温度升高,逐渐向更高频率移动。另外,随着温度的升高,G'、G'' 两者之间的差异逐渐突出,如在 50℃时,两者出现了数量级的差异。由此可见,当温度升高时,普通沥青表现出了更多的黏性特征。

对于 EP-As 体系,当温度较低(30℃)时,G'、G'' 在低频区相交,出现了以弹性特征为主向黏性特征为主转变的黏弹行为变化。当温度进一步升高至40℃时,两者的相交点出现在更高的频率;当温度为 50℃时,在所有测试的频率范围内都表现为以黏性为主的黏弹特性。而对于 EP-POE/As 体系,在较低温度(30℃、40℃)时均是弹性特征占主导地位;温度为 50℃时,G'、G'' 出现了相交的情况,即开始出现以黏性特征为主的黏弹特性。由此可见,相对于未改性环氧沥青,POE 的加入使得这种黏性、弹性之间的转变在更高温度下才会出现。

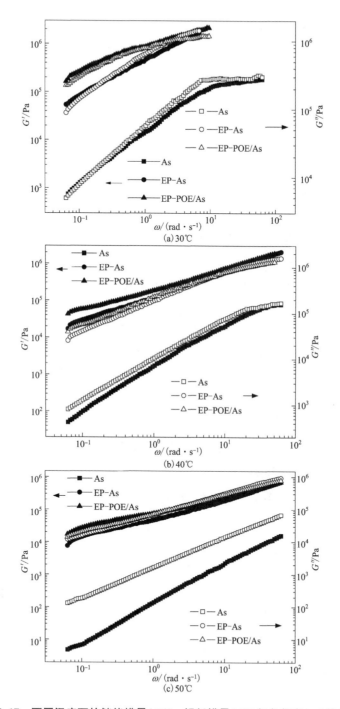

图 3.17　不同温度下的储能模量(G')、损耗模量(G'')与角频率(ω)的关系

此外，在相同温度条件下，材料储能模量与损耗模量随频率变化的程度从大到小依次为普通沥青、EP-As、EP-POE/As。这说明，环氧树脂的加入能够降低沥青对荷载频率的敏感性，且 POE 的加入能更进一步改进材料对频率的敏感性。随着温度的升高，材料的储能模量与损耗模量随频率变化的程度逐渐减小。通过图 3.17 还可以看到，EP-POE/As 的储能模量与损耗模量最多，而普通沥青体系的储能模量与损耗模量最少；在测试频率范围内，环氧树脂的加入，使沥青体系的储能模量与损耗模量提高了 1 个数量级以上。

图 3.18 是复合模量与角频率的关系。从图中可以看到，材料的复合模量（G^*）在较宽的频率内几乎呈线性变化，而在温度较低时（30℃、40℃）的高频区开始偏离线性关系；在较高温度时（50℃），G^* 与 $f(\omega)$ 的关系即便在高频区也显示出了很好的线性关系。在较低温度时，沥青体系具有一定的黏弹性，特别是在较高剪切速率下，应变来不及响应相对应力变化，表现为分子运动的松弛时间要比 1% 应变时的时间长，会产生弹性滞后效应，这样，沥青体系的黏弹性就开始偏离线性关系。而在较高温度时，由于分子运动更加迅速，松弛时间大大缩短，所以即便是有很高的剪切速率，沥青体系的黏弹性也表现为线性关系。

3.5.3.3 复合模量主曲线

根据时温等效原理，黏弹性材料在较高温度下和较短时间内的力学行为可以在较低温度下和较长时间内实现，只需要将相应的数据在时间轴上通过平移得到。平移因子可以通过 WLF 方程得到，如式（3.27）所示：

$$\lg \frac{G}{G_0}\lg \alpha_T = \frac{-C_1(T-T_0)}{G_2+(T-T_0)} \tag{3.27}$$

式中：G 为材料实测温度下的模量；G_0 为材料基准温度下的模量；α_T 为移位因子；C_1、C_2 均为常数；T 为实测温度；T_0 为基准温度。

以 30℃ 作为基准温度，通过式（3.27）计算得到平移因子，再将不同温度（25℃、40℃、50℃、60℃、70℃）下的复合模量在频率对数轴平移到 30℃ 下组成连续的曲线，就得到了不同材料体系的主曲线，如图 3.19 所示，相应材料体系的平移因子如表 3.5 所示。

从图 3.19 中可以看出，三种不同材料主曲线形状各不相同，但在低频区均表现为线性关系，而普通沥青体系在高频区出现了转折。环氧沥青体系的复合

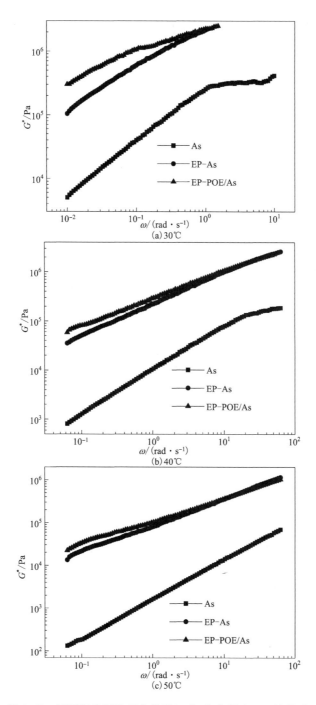

图 3.18　不同温度下的复合模量(G^*)与角频率(ω)的关系

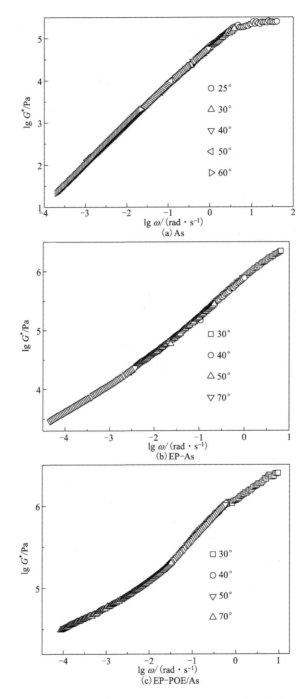

图 3.19　不同沥青体系的主曲线(以 30℃为参考温度)

模量在整个频率范围内都近似线性变化,但 POE 改性环氧沥青在高频区有部分偏离线性关系的行为。

表 3.5　平移因子(以 30℃为基准温度)

材料类型	25℃	40℃	50℃	60℃	70℃
As	0.787	−0.858	−1.760	−2.489	—
EP-As	—	−0.847	−1.490	—	−3.25
EP-POE/As	—	−1.227	−2.039	—	−3.28

3.6　小结

本章首先分析了时间、温度对环氧沥青固化反应过程的影响,建立了环氧沥青体系黏度随时间、温度的增长模型;然后研究了不同温度和频率对环氧沥青固化物的复合模量、损耗模量、储能模量、复合黏度等流变性能指标的影响。得出的结论具体如下。

(1)环氧沥青固化反应有 25～30 min 的诱导期,在诱导期内,环氧沥青的体系黏度随温度增长较小或者几乎不变;度过诱导期后,体系黏度增长速率呈指数函数增加,且随着反应温度的升高,体系黏度增长速率不断提高。

(2)采用 Arrhenius 公式结合 Andrade 黏度经验公式,建立了环氧沥青固化过程中体系黏度随反应温度、时间的增长模型。

(3)DSR 的温度扫描结果表明,EP-POE/As 的弹性模量和黏性模量多出普通沥青 6 倍以上,多出 EP-As 2～4 倍;随着温度的升高,EP-POE/As 模量的降低幅度最小,普通沥青模量的降低幅度最大,且环氧改性沥青弹性模量和黏性模量的降低幅度几乎相同,而普通沥青弹性模量的降低幅度远大于黏性模量的降低幅度。从 40℃至 80℃,普通沥青弹性模量降低了 3 个数量级,黏性模量降低了约 2 个数量级,EP-POE/As 和 EP-As 的弹性模量和黏性模量降低了约 2 个数量级。

(4)三种沥青体系黏度随温度的变化可以采用 Andrade 黏度经验公式进行

描述,对比相应的黏流活化能可以发现,环氧沥青黏度对温度的敏感性不及普通沥青体系,而 POE 的加入进一步降低了这种敏感性。

(5)通过 $G^*/\sin d$-温度关系曲线,证明了环氧树脂的加入能够提高沥青体系的高温抗永久变形能力。对比三种材料达到 $G^*/\sin d = 1$ kPa 时所对应的温度发现,环氧树脂的加入使普通沥青体系对应的温度提高约 9℃,而 POE 的加入进一步提高了环氧沥青的高温抗永久变形能力,使 EP-As 体系对应的温度提高了约 11℃。

(6)DSR 频率扫描结果表明,对于普通沥青,在温度较低(30℃)时,G' 与 G'' 相差不大,两者在低频区相交,随着频率的提高,曲线开始出现平台,即 G'、G'' 随频率增加较小甚至不变。这种变化随着温度升高,逐渐向更高频率移动。另外,随着温度的升高,G'、G'' 两者之间的差异逐渐突出,如在 50℃ 时,两者出现了数量级的差异,当温度升高时,普通沥青表现出了更多的黏性特征。对于 EP-As 体系,当温度较低(30℃)时,G'、G'' 在低频区相交,出现了以弹性特征为主向黏性特征为主转变的黏弹行为变化。当温度进一步升高至 40℃ 时,两者的相交点出现在更高的频率;当温度为 50℃ 时,在所有测试的频率范围内都表现为以黏性为主的黏弹特性。而对于 EP-POE/As 体系,在较低温度(30℃、40℃)时均是由弹性特征占主导地位;温度为 50℃ 时,G'、G'' 出现了相交的情况,即开始出现以黏性特征为主的黏弹特性。相对于未改性环氧沥青,POE 的加入使得这种黏性、弹性之间的转变在更高温度下才会出现。

第4章
环氧沥青力学性能研究

沥青在低温下是一种类似于玻璃的固态（即玻璃态）。当温度升高至超过玻璃化转变温度后，沥青进入高弹态，表现出一定的黏弹性特征。进一步升高温度，沥青开始变软，并表现出流动性，即进入黏流态。因此，在一定的温度范围内，沥青体系表现为具有黏弹性的力学行为，即在恒定应力作用下具有蠕变特征，而在恒定应变作用下具有应力松弛特征。

环氧沥青作为结合料，其力学性能对混合料的性能影响较大。如果环氧沥青的强度高、韧性好，则混合料的强度高，抵抗荷载作用下反复变形的能力强；如果环氧沥青的低温柔韧性能好，则低温下混合料的弯曲变形能力好；如果环氧沥青的耐高温性能好，则高温下混合料抵抗车辙变形的能力越强。热固性环氧沥青材料中由于沥青颗粒作为分散相填充在连续相的环氧树脂固化结构中，且沥青在环氧沥青共混体系中的用量超过了50%，其材料本身具有跟沥青材料类似的弹性、黏性、塑性。本章分析了环氧沥青材料在不同温度下的拉伸性能；通过弯曲梁流变仪试验，分析了环氧沥青的低温柔韧性能，建立了低温蠕变本构模型，并进行了低温蠕变柔量的预测；采用动态剪切蠕变试验仪，分析了环氧沥青材料在常温及高温条件下的蠕变恢复特性，并采用流变模型分析了环氧沥青的黏弹特性。

4.1 环氧沥青拉伸性能研究

本书对固化后的 EP-As 和 EP-POE/As 两种材料，在试验温度为-10℃、0℃和25℃条件下，采用《建筑防水涂料试验方法》（GB/T 16777—2008）中规定的试验方法进行测试。EP-As 及 EP-POE/As 在不同温度下的拉伸强度和断裂伸长率的结果分别如图 4.1、图 4.2 所示。

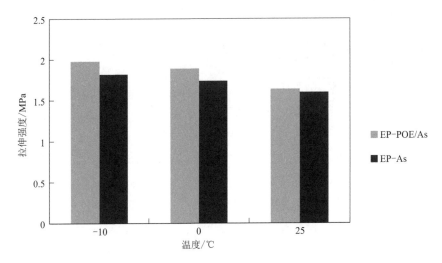

图 4.1　不同类型环氧沥青拉伸强度随温度变化的情况

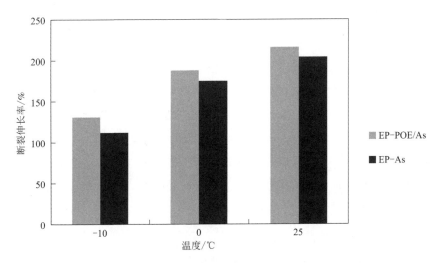

图 4.2　不同类型环氧沥青断裂伸长率随温度变化的情况

通过图 4.1 和图 4.2 可以看到，随着温度的升高，拉伸强度逐渐下降，而断裂伸长率则不断提高。这主要是因为随着温度的升高，材料开始体现出黏弹性,且黏性成分增加而弹性成分减少,在拉伸过程中更加容易产生不可恢复形变且强度下降。同时可以清晰地看到,在不同的温度下,EP-POE/As 无论拉伸强度还是断裂伸长率均要好于 EP-As。在-10℃、0℃、25℃条件下,POE 的加入使得环氧沥青的断裂伸长率分别提高了 20%、7.4% 和 5.9%,拉伸强度分别提高了 8.8%、8.6% 和 2.5%。这表明 POE 能够较好地改善环氧沥青的低温拉伸性能,从侧面验证了本书的研究意义所在。

4.2　环氧沥青黏弹性研究

4.2.1　黏弹性的理论模型

根据大分子运动的松弛特性,要使大分子链段运动单元具有足够大的活动性,从而使材料表现出高弹形变,或者要使整个大分子能够移动而显示出黏性流动,这都需要一定的时间。温度升高,松弛时间可以缩短,因此同一个力学松弛现象既可以在较高的温度下和在较短的时间内观察到,也可以在较低的温度下和较长的时间内观察到。升高温度与延长观察时间对分子运动是等效的,对聚合物的黏弹行为也是等效的。这个等效性可以借助于一个转换因子 a_t 来实现,即借助于转换因子可以将在某一温度下测定的力学数据,转变为另一温度下的力学数据,这就是时温等效原理。利用时温等效原理,我们可以通过某一温度下的黏弹性数据得到另一温度下的黏弹性数据,只需将相应的时间做一定的调整。

具有黏弹性的沥青的蠕变行为可以用图 4.3 来表示。

图中随时间变化的应变 $e(t)$ 可以分为 e_1、$e_2(t)$、$e_3(t)$ 三个部分:①e_1 是对应力作用的瞬时反应,表现为固态弹性行为;②$e_2(t)$ 随时间不断增加,当时间足够长时,其值趋向恒定;③$e_3(t)$ 随时间线性增加。

为了表征黏弹性材料的应力-应变的本构关系,一般采用的数学模型有弹簧模型、黏壶模型、弹簧和黏壶通过串联或者并联组合而成的黏弹性模型。

(1)弹簧模型。

弹簧模型代表虎克弹性体,其表征的应力-应变关系如下:弹簧在外力作用下将瞬时产生与外力成比例的变形,当外力撤出后,其变形也将瞬时恢复。

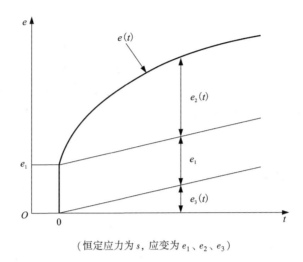

（恒定应力为 s，应变为 e_1、e_2、e_3）

图 4.3　恒定应力作用下黏弹体的蠕变曲线

其应力-应变的关系式满足虎克弹性定律：

$$\sigma = E\varepsilon \tag{4.1}$$

式中：σ 为应力；E 为弹性模量；ε 为应变。

（2）黏壶模型。

黏壶模型代表牛顿流体，其表征的应力-应变的关系如下：黏壶在外力作用下不能瞬时产生与外力成比例的变形，保持外力不变，其变形与时间成比例增加；当外力撤出后，其变形也不能够恢复。其应力-应变的关系式满足牛顿流体内摩擦定律：

$$\sigma = \varepsilon \frac{\eta}{t} \tag{4.2}$$

式中：η 为黏度。

（3）Kelvin 模型。

Kelvin 模型（或称 Vogit 模型）是弹簧模型和黏壶模型的并联组合体，如图4.4所示。其表征的应力-应变关系如下：组合体在外力作用下具有相同的应变，在应变不变的情况下，其总应力为两个原件所受应力之和。其应力-应变的关系式如下：

$$\sigma = E\varepsilon + \eta \frac{\partial \varepsilon}{\partial t} \tag{4.3}$$

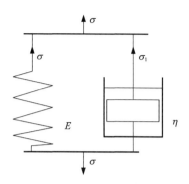

图 4.4　Kelvin 模型（黏壶–弹簧并联模型）

当 $t=0$ 时，作用一常应力 $\sigma = \sigma_0$，则任意时刻的应力–应变关系可以通过解微分方程得到：

$$\varepsilon(t) = \frac{\sigma_0}{E}(1 - e^{-\frac{E}{\eta}t}) \tag{4.4}$$

当 $t=0$ 时，则 $\varepsilon = 0$，表示瞬时施加作用力时，其组合体不能瞬时产生相应的变形。当 $t=\infty$ 时，则 $\varepsilon = \dfrac{\sigma_0}{E}$，表示当力的作用时间无限延长时，弹簧完全伸长达到了极限，变形不再增长。

当 $t=t_0$ 时，撤除外力 σ，即 $\sigma = 0$，则卸载后得变形随时间的变化关系如下：

$$\varepsilon(t) = \varepsilon_0 e^{-\frac{E}{\eta}t} \tag{4.5}$$

式中：ε_0 为时刻的应变。

Kelvin 模型可以很好地拟合黏弹性材料的蠕变特性，保持一定的应力，其变形随时间增加而逐渐增加。

（4）Maxwell 模型。

Maxwell 模型是弹簧模型和黏壶模型的串联组合体，如图 4.5 所示。其表征的应力–应变的关系如下：组合体在外力作用下具有相同的应力，在应力不变的情况下，其应变为两个原件所受应变之和。其应力–应变的关系式如下：

$$\varepsilon = \frac{\sigma}{E} + \frac{\sigma t}{\eta} \tag{4.6}$$

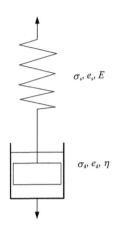

$$\sigma_s, e_s, E$$

$$\sigma_d, e_d, \eta$$

图 4.5   Maxwell 模型(黏壶-弹簧串联模型)

当 $t=0$ 时,作用一瞬时力 σ_0,则组合体产生瞬时变形为 $\varepsilon = \dfrac{\sigma_0}{E}$;当保持应变为常量时,应力随时间的变化式如下:

$$\sigma = \sigma_0 e^{\left(-\frac{t}{T_0}\right)} \qquad (4.7)$$

式中: $T_0 = \dfrac{\eta}{E}$,为松弛时间。

当 $t=\infty$ 时,则 $\sigma=0$。Maxwell 模型反映了黏弹性材料的松弛特性,保持一定的应变,其应力随时间增加而逐渐减小。

Kelvin 模型和 Maxwell 模型表征材料的黏弹特性时都过于简单,有其局限性,如 Kelvin 模型只能反映材料蠕变特性而不能描述应力松弛过程,Maxwell 模型能描述应力松弛行为但不能反映材料蠕变特性。因此,需要通过组合弹簧模型、黏壶模型、Kelvin 模型和 Maxwell 模型来更好地拟合材料的黏弹特性。

(5)Burgers 本构模型。

Burgers 本构模型是 Kelvin 模型和 Maxwell 模型串联构成的四原件模型,如图 4.6 所示。Burgers 本构模型相比 Kelvin 黏壶-弹簧并联模型和 Maxwell 黏壶-弹簧串联模型能更好地反映材料的蠕变和松弛两个方面的黏弹特性,因而在沥青体系黏弹性的描述中得到广泛应用。

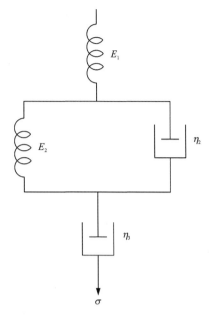

图 4.6　Burgers 本构模型

相应的 Burgers 本构方程表达式如下：

$$J(t) = \frac{1}{E_1} + \frac{1}{E_2}(1 - e^{-\frac{E_2}{\eta_2}t}) + \frac{t}{\eta_3} \tag{4.8}$$

式中：$J(t)$ 为蠕变柔量，实际上就是蠕变劲度模量 $S(t)$ 的倒数；E_1、E_2 为弹簧的弹性模量；η_2、η_3 为黏壶的黏度。

（6）广义模型。

为了更加准确地模拟材料的黏弹性能，可以采用多个 Kelvin 模型串联或多个 Maxwell 模型并联构成广义模型。

对于广义的 Maxwell 模型，其应力松弛方程如下：

$$E(t) = \sum_{i=1}^{n} E_i e^{\frac{-t}{\tau_i}} \tag{4.9}$$

式中：$\tau_i = \dfrac{E_i}{\eta_i}$。

对于广义的 Kelvin 模型，其蠕变应变方程如下：

$$\varepsilon(t) = \sum_{\eta=1}^{n} \frac{\sigma_0}{E_k}(1 - e^{-\frac{E_k}{\eta_k}t}) \tag{4.10}$$

4.2.2 低温蠕变柔量

由于钢结构桥梁一般架设于大江大河之上，其所处的环境决定了钢箱梁板顶的温度接近环境最低温度，为了满足桥面铺装材料路用性能的要求，环氧沥青材料必须具有良好的低温性能。

4.2.2.1 低温蠕变特性分析

本书对 As、固化后的 EP-As 和 EP-POE/As 三种材料利用弯曲梁流变仪（BBR）按照《公路工程沥青及沥青混合料试验规程》（JTG E20—2011）中 T0627—2011 规定的方法进行低温蠕变试验，测试小梁试件在 0℃、-6℃、-12℃ 三种温度条件及固定荷载的作用下，跨中挠度随时间变化的趋势。三种材料的低温蠕变特性如图 4.7 所示。

从图 4.7 中可以看到，在 -12℃ 条件下，材料仍然具有黏弹性，同时在 1 N 的恒力作用下，其弯曲变形量随着时间变化呈非线性增加，而且温度越低，其变形就越小。通过式(4.11)和式(4.12)可以计算求出相应的跨中挠度、蠕变劲度模量等值。

$$跨中挠度\ W_{\max} = \frac{Pl^3}{4bh^3E} \tag{4.11}$$

$$劲度模量\ S(t) = \frac{Pl^3}{4bh^3\delta(t)} \tag{4.12}$$

式中：E 为材料弹性模量，Pa；l 为试样跨径，mm；b 为试样宽度，mm；h 为厚度，mm；$\delta(t)$ 为梁变形量，mm；P 为载荷，mN。

图 4.8 是对这三种材料进行横向对比的结果。从图中可以看到，普通沥青的跨中挠度要小于环氧沥青，且随着温度的降低，普通沥青的跨中挠度降低幅度远大于环氧沥青，说明普通沥青比环氧沥青材料的温度敏感性高；对于 EP-As 和 EP-POE/As 两种环氧沥青材料，在不同温度条件下，其跨中挠度几乎相同，EP-As 略高于 EP-POE/As。

为了更加清楚地观察其差异，便于和其他类型的环氧沥青比较，选取了美国 SHRP 规范中要求的第 60 s 时的劲度模量及劲度曲线的斜率 m 值来进行分析。劲度模量表示材料在一定温度条件下的刚度，劲度模量越大，材料越脆；斜率 m 值表示材料的松弛性能，m 值越大表示材料的松弛性能越好，低温开裂的可能性也越小。其结果如表 4.1 所示。

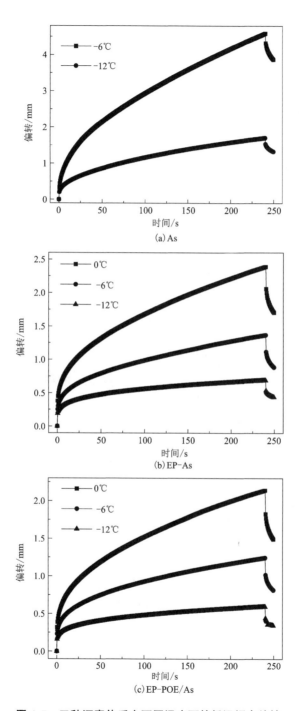

图 4.7　三种沥青体系在不同温度下的低温蠕变特性

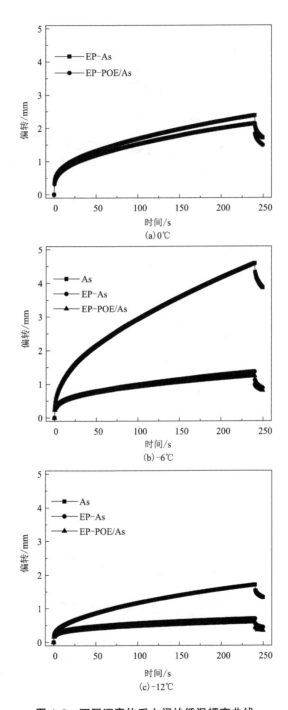

图 4.8　不同沥青体系之间的低温蠕变曲线

表 4.1　不同沥青体系的低温蠕变特性（由 60 s 时的蠕变数据计算而得）

沥青类型	0℃		-6℃		-12℃	
	劲度模量/MPa	蠕变速率 m	劲度模量/MPa	蠕变速率 m	劲度模量/MPa	蠕变速率 m
As	—	—	33.8	0.473	85.1	0.417
EP-As	58.7	0.357	97.4	0.318	163	0.237
EP-POE/As	65.4	0.353	102	0.309	193	0.237
美国环氧沥青	—	—	—	—	402	0.229
日本环氧沥青	—	—	—	—	221.5	0.276

从表 4.1 中可以看到，对于 EP-As 和 EP-POE/As 两种环氧沥青材料，随着温度的降低，其劲度模量差值逐渐增大，m 的差值逐渐减小。这说明，随着 POE 的加入，材料的刚度增强，但是对材料的松弛性能影响不大，表示在低温条件和相同荷载作用下，EP-POE/As 不容易引起开裂破坏，低温性能较 EP-As 好。这主要是因为，在较低温度下，POE 逐渐从高弹态向玻璃态转变，其模量有大幅度的增加，当加入沥青体系后，其复合体系的模量必然也会提高。综合对比美国和日本环氧沥青，对于劲度模量：美国环氧沥青>日本环氧沥青>EP-POE/As>EP-As；对于 m 值：日本环氧沥青>EP-POE/As ＝EP-As>美国环氧沥青。这说明 EP-POE/As 低温性能比美国环氧沥青好，与日本环氧沥青相比，EP-POE/As 在低温条件下刚度低，但其松弛性能稍差。

4.2.2.2　低温蠕变性能模拟

为了进一步预测不同温度下材料的低温蠕变特性，本书采用了前面所述四元件 Burgers 本构模型（见图 4.6）来模拟材料的低温蠕变曲线。通过对上述曲线采用 Origin 软件进行函数拟合，可以得到各自材料的 E_1、E_2、h_2、h_3 值。相应的结果如表 4.2 所示。

表 4.2　不同材料类型 Burgers 本构模型参数拟合结果

材料类型	温度/℃	E_1	E_2	h_2	h_3
沥青	−6	$1.47×10^8$	$6.69×10^7$	$1.77×10^9$	$6.14×10^9$
	−12	$2.58×10^8$	$1.43×10^8$	$6.29×10^9$	$2.16×10^{10}$
EP-As	0	$1.53×10^8$	$1.26×10^8$	$3.80×10^9$	$1.57×10^{10}$
	−6	$2.32×10^8$	$2.17×10^8$	$6.03×10^9$	$2.99×10^{10}$
	−12	$3.24×10^8$	$3.72×10^8$	$1.05×10^{10}$	$8.02×10^{10}$
EP-POE/As	0	$1.72×10^8$	$1.30×10^8$	$4.23×10^9$	$1.87×10^{10}$
	−6	$2.44×10^8$	$2.09×10^8$	$6.34×10^9$	$3.48×10^{10}$
	−12	$3.77×10^8$	$4.55×10^8$	$1.29×10^{10}$	$9.20×10^{10}$

　　通过表 4.2 可以看出，材料的 E_1、E_2、h_2、h_3 四个参数都随着温度的降低而增大，说明了随着温度的降低，材料的弹性模量和黏度都增大，且温度越低，变化趋势越明显。这与第 3 章中 DSR 温度扫描的结果是对应的。对比普通沥青材料可以发现，随着环氧树脂的加入，沥青体系的弹性和黏性模量增加了，表明材料模量增加后，在相同荷载作用下，其产生变形值更小；对比 EP-As 和 EP-POE/As 可以看出，随着 POE 的加入，环氧沥青体系的 E_1、E_2、h_2、h_3 值都有所提高。

4.2.2.3　蠕变柔量的组合曲线

　　弯曲梁流变仪(BBR)试验只能测试材料在一定低温范围(−36～0℃)的蠕变特性，使材料的 Burgers 本构模型无法得到更大温度范围内的验证。在环氧沥青铺装材料的使用环境温度范围从环境最低温升高至 70℃ 时，本书试图通过时温等效原理来对已知温度下的蠕变数据进行处理，从而获得其他温度下较长时间或更短时间内的蠕变数据。

　　若选择一个参比温度 T_0，那么蠕变柔量 $J(T, t)$ 和 $J(T_0, t_0)$ 之间的关系如下：

$$J(T, t) = \frac{\rho_0 \cdot T_0}{\rho \cdot T} J(T_0, t_0/\alpha_T) \tag{4.13}$$

$$\lg \alpha_T = \lg t_0 - \lg t \tag{4.14}$$

式中：α_T 为位移因子(shift factor)。

　　假定在低温环境下，密度与温度之积没有发生变化，则可以将对应温度下的蠕变数据通过平移因子，换算成另外一个温度下的数据。图 4.9 是 EP-As 的低温蠕变柔量与时间的双对数曲线，其中可以通过式(4.13)和式(4.14)将 -12℃、-6℃ 下的数据平移至 0℃。平移因子可以通过 WLF 方程来获得，如式(4.15)所示。

$$\lg \alpha_T = \frac{-C_1(T - T_0)}{C_2 + (T - T_0)} \tag{4.15}$$

式中：参考温度 T_0 为 0℃。

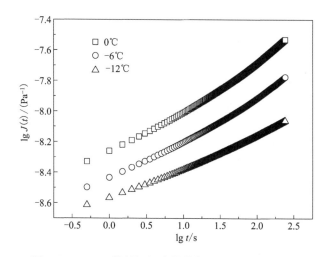

图 4.9　EP-As 的低温蠕变柔量与时间的双对数曲线

　　将相应的温度和对应的平移因子对数值代入式(4.15)，求得式中的 $C_1 = 12.8$，$C_2 = 140.6$。需要注意的是，选取不同的参考温度时，C_1、C_2 值也会发生改变。一般而言，可以选择体系玻璃化温度作为参考温度，相应的 C_1、C_2 值分别为 17.44、51.6。它们对于一般的大分子黏弹性材料具有普适性。对于 EP-As，根据平移的位移可以获得平移因子，其数值分别为 -1.57、-0.75。经过平移之后的图形如图 4.10 所示，三个温度下的图形重叠得很好。

　　采用同样的办法也可以得到 EP-POE/As 的平移因子和相应的在 0℃ 的组合曲线，如图 4.11 所示。从图 4.11 中可以看到，经过平移之后的数据重合得很好，证明了时温等效原理对本书所研究体系的适用性。对于 EP-POE/As，相应的 WLF 方程如下：

$$\lg \alpha_T = \lg t_0 - \lg t \tag{4.16}$$

式中采用的温度单位为℃。可见，不同材料体系中，计算平移因子的 C_1、C_2 值并不一样。

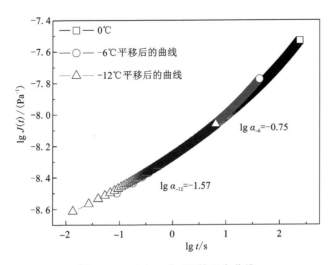

图 4.10　EP-As 在 0℃的组合曲线

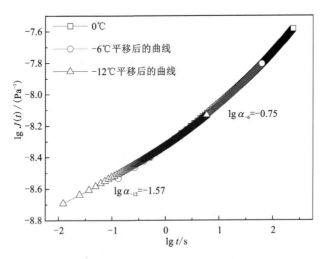

图 4.11　EP-POE/As 在 0℃的组合曲线

　　采用已有的模型仿真数据分析比较组合曲线,结果如图 4.12 所示。通过图 4.12 可以发现,Burgers 本构模型能够很好地拟合较长受力时间($t \geqslant 8$ s)下的蠕变情况;但当受力时间($t < 8$ s)很短的时候,Burgers 本构模型与实际值之间存在较大的偏差。对于环氧沥青铺装材料,采用 Burgers 本构模型来描述环氧沥青材料在长时间荷载作用下的蠕变特性是适用的。

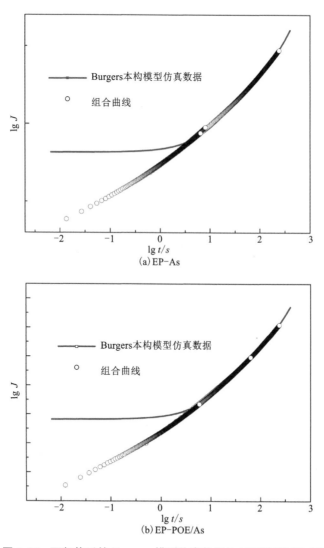

图 4.12　环氧体系的 Burgers 模型仿真数据与 0℃实测数据对比

4.2.2.4 低温蠕变柔量预测

由前文可知 Burgers 本构模型能够很好地预测某一个温度下长时间范围内的蠕变特性,但是铺装材料实际的使用过程中环境温度是变化的。为了能够预测任意温度下任意时刻的蠕变特性,需要在 Burgers 本构方程中引入一个有关温度的变量。在第 4.2.2.3 节中,我们通过时温等效原理得到了固定温度下长时间范围内的材料蠕变数据,同样可以通过时间的变换得到其他温度下的材料蠕变数据,只需要将相应时间段内的数据经过平移(对数坐标)就可以获得另外一个温度下的一个时间内的数据。因此,可根据关系式(4.13)和 Burgers 本构模型,得到 T_0 温度下的关系式:

$$J\left(\frac{t_0}{\alpha_T}\right) = \frac{1}{E_1} + \frac{1}{E_2}\left(1 - e^{-\frac{E_2}{\eta_2} \cdot \frac{t_0}{\alpha_T}}\right) + \frac{1}{\eta_3} \cdot \frac{t_0}{\alpha_T} \tag{4.17}$$

式中所计算得到的数值 $J\left(\frac{t_0}{\alpha_T}\right)$ 就是在温度为 T、时间为 t_0 时材料的蠕变数据。

又根据式(4.15),得:

$$\alpha_T = 10^{\frac{-c_1(T-T_0)}{C_2 + (T-T_0)}} \tag{4.18}$$

将结果代入式(4.17)中就可以得到相应温度下 t_0 时刻的蠕变柔量。以 EP-As 为例,在 0℃时,Burgers 本构模型关于蠕变柔量的表达式如下:

$$J(t) = 6.54 \times 10^{-9} + 7.95 \times 10^{-9} \times (1 - e^{-0.033t}) + 6.39 \times 10^{-11} \cdot t \tag{4.19}$$

式中:温度 T 为相对温度,T 时的位移因子见式(4.20)。

$$\alpha_T = 10^{\frac{-12.8_1(T-0)}{140.6+(T-0)}} = 10^{-\frac{12.8T}{140.6+T}} \tag{4.20}$$

则可得温度为 T、时间为 t 时的蠕变柔量:

$$J(T, t) = 6.54 \times 10^{-9} + 7.956 \times 10^{-9} \times (1 - e^{-0.033 \times 10^{\frac{12.8T}{140.6+T}} \cdot t}) + 6.39 \times 10^{-11} \times 10^{\frac{12.8T}{140.6+T}} \cdot t \tag{4.21}$$

同理可得 EP-POE/As 的任意温度和时间下的蠕变柔量:

96

$$J(T, t) = 5.81 \times 10^{-9} + 7.67 \times 10^{-9} \times (1 - e^{-0.0308 \times 10^{\frac{2.075T}{27.47+T}} \cdot t}) + 6.34 \times 10^{-11} \times 10^{\frac{2.075T}{27.47+T}} \cdot t$$

$$(4.22)$$

需要说明的是，式(4.21)和式(4.22)均是在 Burgers 本构模型的基础上推演而来的，因此只适用于预测荷载作用时间≥8 s 的材料蠕变数据。在−6℃ 和−12℃ 的情况下，将 EP-POE/As 和 EP-As 两种材料的预测模型计算值与实测值进行了比较，其结果如图 4.13 和图 4.14 所示。

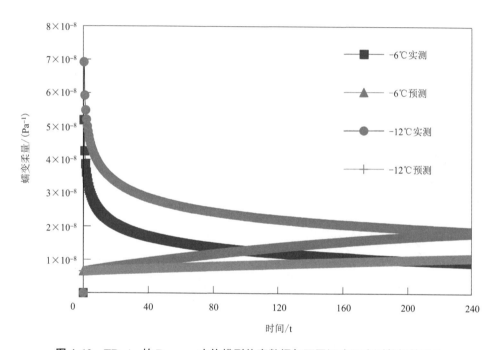

图 4.13　EP-As 的 Burgers 本构模型仿真数据与不同温度下实测数据的对比

通过图可以看出，式(4.20)和式(4.21)预测模型能较好地预测 EP-As 和 EP-POE/As 两种材料在不同温度和时间下的蠕变柔量值。

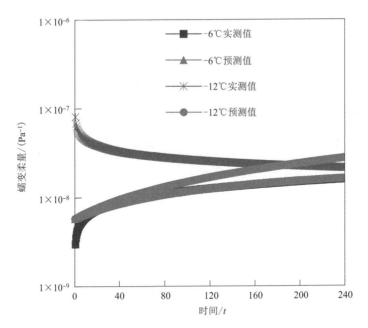

图 4. 14 EP-POE/As 的 Burgers 本构模型仿真数据与不同温度下实测数据的对比

4.2.3 高温蠕变恢复

由于钢桥面顶板温度在高温季节能达到 60~70℃，为了保证铺装材料在高温条件下有良好的温度稳定性，减少高温车辙的产生，需要环氧沥青具有良好的蠕变恢复性能。

4.2.3.1 蠕变恢复特性分析

本书采用德国 Anton Paar 公司生产的 Physical MCR-301 型动态剪切流变仪，按照《公路工程沥青及沥青混合料试验规程》(JTG E20—2011)中 T0628—2011 规定的方法进行环氧沥青加载-蠕变恢复试验。试验采用 As、固化后的 EP-As 和 EP-POE/As 三种材料，采用应力控制模式，蠕变试验的加载时间为 100 s，卸载时间为 400 s，每隔 2 s 采集一个数据。试验温度为 25℃、40℃、60℃。

其结果如图 4. 15 和图 4. 16 所示。

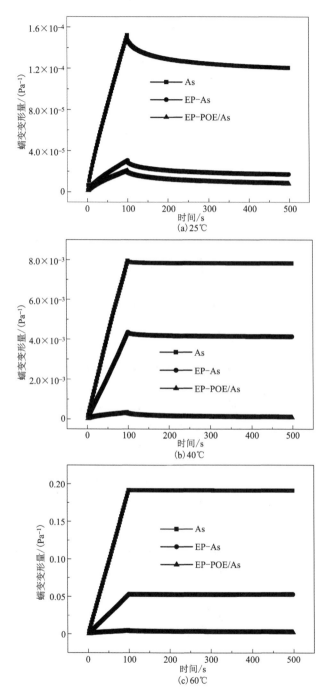

图 4.15　三种沥青体系在 400 Pa 作用 100 s 后的蠕变恢复情况

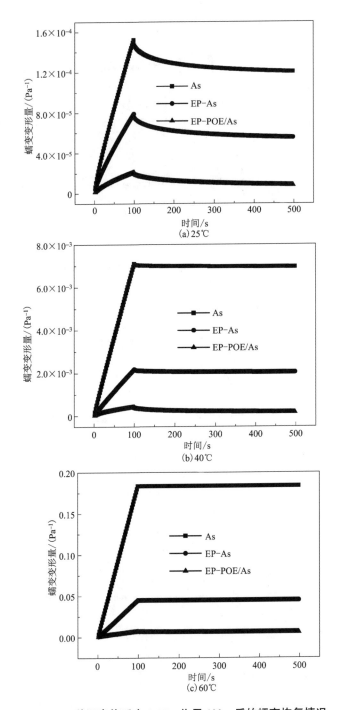

图 4.16　三种沥青体系在 1 kPa 作用 100 s 后的蠕变恢复情况

图中的纵坐标是蠕变柔量,当应力恒定时,其应变与应力的关系如下:

$$\varepsilon = J \cdot \sigma \tag{4.23}$$

因此,图 4.15 和图 4.16 也可以看作是应变随时间变化的曲线。通过图中的曲线可以看出,在相同荷载作用下,蠕变变形量从大到小依次为 As、EP-As、EP-POE/As,随着温度的升高,变形量的相差幅度增大;当解除荷载后,材料的瞬时弹性变形马上恢复,延迟弹性变形随着时间延长逐渐恢复,最后只剩下不可恢复的黏性流动变形,其黏性流动变形从大到小依次为 As、EP-As、EP-POE/As。在不同的荷载作用和相同的温度条件下,材料的蠕变恢复曲线类似。在第 3 章中我们已知各沥青体系的黏弹特性随温度变化而变化,当温度较低时,沥青体系的黏度和模量都较高,体系不容易产生应变;当温度升高时,体系的弹性模量和黏性模量均下降,因此随着温度升高,材料的蠕变变形量和黏性流动变形都增加了。当去除外力之后,弹性应变迅速恢复,而黏性流动变形则不会恢复,这在图中表现得非常明显。

分析几种材料在相同荷载、不同温度下的蠕变恢复情况,其结果如图 4.17 和图 4.18 所示。

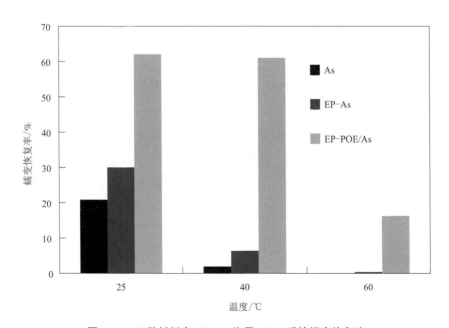

图 4.17　三种材料在 400 Pa 作用 100 s 后的蠕变恢复率

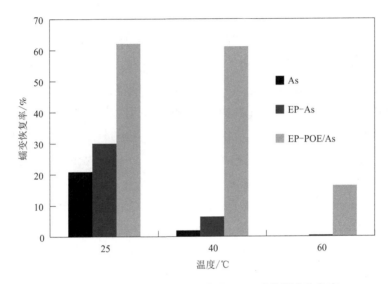

图 4.18　三种材料在 1000 Pa 作用 100 s 后的蠕变恢复率

通过图 4.17 和图 4.18 可以看出，随着温度的升高，材料的蠕变恢复率逐渐降低，蠕变恢复率变化程度从大到小依次为 As、EP-As、EP-POE/As，说明环氧树脂的加入改善了沥青材料的黏弹特性，且不受作用荷载大小的影响。在第 3 章中，我们研究了各材料体系的黏弹特性。普通沥青材料在较低的温度条件下，具有较多模量和较强的蠕变恢复能力，随着温度的升高，其模量降低，表现为黏性应变增加，当撤除作用荷载后，基本不产生瞬时弹性恢复和延迟弹性变形恢复；环氧沥青材料在试验的温度范围内表现出更多的模量和更强的蠕变恢复能力，随着温度的升高，其黏性模量（储能模量）和弹性模量（损耗模量）均减小，但仍保持了较高的水平；对比 EP-As 和 EP-POE/As 可以看出，POE 的加入能提高环氧沥青在高温条件下抵抗变形的能力和蠕变恢复率，说明 POE 的加入能明显地提高环氧沥青混合料的高温抗车辙能力。

4.2.3.2　蠕变恢复方程

同样可以采用 Burgers 本构模型对高温下的蠕变恢复进行拟合。对于蠕变恢复，此时的本构方程表示如下：

$$J(t) = \frac{1}{E_2}(1-\mathrm{e}^{-\frac{E_2}{\eta_2}t_0}) \cdot \mathrm{e}^{-\frac{E_2}{\eta_2}(t-t_0)} + \frac{t_0}{\eta_3} \quad\quad (4.24)$$

令 $\frac{1}{E_2}(1-\mathrm{e}^{-\frac{E_2}{\eta_2}t_0}) = J_2$，$\frac{t_0}{\eta_3} = J_3$，$\frac{\eta_2}{E_2} = \tau$，可得到下式：

$$J(t) = J_2 \cdot \mathrm{e}^{-\frac{(t-t_0)}{\tau}} + J_3 \quad\quad (4.25)$$

式中：$t_0 = 100$ s。

采用 Origin 软件分别对 400 Pa 和 1000 Pa 应力作用后的蠕变恢复曲线进行拟合，所得参数的结果如表 4.2 所示。

表 4.2　不同材料类型 Burgers 本构模型参数拟合结果

材料类型	温度 /℃	J_2		J_3		τ	
		400 Pa	1000 Pa	400 Pa	1000 Pa	400 Pa	1000 Pa
As	25	2.32×10^{-5}	2.32×10^{-5}	1.21×10^{-4}	1.21×10^{-4}	93.22	93.22
	40	7.55×10^{-5}	7.50×10^{-5}	7.81×10^{-3}	6.96×10^{-3}	43.0	84.47
	60	2.88×10^{-4}	1.33×10^{-4}	0.191	0.183	449.2	495.8
EP-As	25	9.91×10^{-6}	1.74×10^{-5}	1.52×10^{-5}	5.56×10^{-5}	104	100.46
	40	1.42×10^{-4}	8.81×10^{-5}	4.14×10^{-3}	2.04×10^{-3}	75.2	76.55
	60	1.84×10^{-4}	5.64×10^{-5}	5.26×10^{-2}	4.49×10^{-2}	107.9	84.33
EP-POE/As	25	9.82×10^{-6}	1.03×10^{-5}	7.96×10^{-6}	8.04×10^{-6}	118.2	116.66
	40	1.59×10^{-4}	1.81×10^{-5}	8.56×10^{-5}	1.66×10^{-4}	88.7	86.91
	60	9.79×10^{-4}	6.16×10^{-5}	2.31×10^{-3}	5.67×10^{-3}	84.4	74.33

从表 4.2 中可以看到，J_2、J_3 均随温度升高而增大（表中个别偏出的数据应属于模拟偏差）。J_2、J_3 分别表示应力作用下高弹形变部分和黏性形变部分的蠕变柔量，它们的倒数则为蠕变劲度模量，其中 J_3 值越大，表示残留的不可恢复的变形部分就越大。根据 Burgers 本构模型可知，蠕变柔量与应力大小无关，只与时间和温度有关。但从表 4.2 中可以看到，400 Pa 和 1000Pa 下拟合的数据存在一定的差异，这种差异可能与高温应力作用下的某些结构变化有关，与试验误差也有一定关系，留待以后进一步研究。

表 4.2 中的 τ 为松弛时间，代表了沥青的不同运动单元从非平衡态恢复到

平衡态所需要的时间。文献[116]指出，沥青中的松弛运动单元主要有沥青质和软沥青质两类。实际上，软沥青质还可细分为饱和酚、芳香酚和胶质三种，它们的相对分子质量也各不相同，因而这里的松弛时间实际上是一个平均值。当温度较低时，类似固体的沥青质的运动能力受到束缚，此时分子松弛单元主要为软沥青质中的各组分；而当温度较高时，沥青质大分子开始运动，沥青体系可发生从黏弹态(高弹态)到黏流态的转变。因此从表 4.2 中可以看到，普通沥青的松弛时间从 25℃到 40℃时变短，这主要是由于温度升高，大部分松弛单元(软沥青质，平均相对分子质量为 600~1000)的运动能力增强；当温度升高至 60℃时，松弛时间大大增加，这主要是由于大分子的沥青质(平均相对分子质量约为 3400)开始运动，但其运动能力大大低于软沥青质中的各组分，因而使得平均松弛时间增加。这也与第 3 章中沥青损耗因子($\tan d = G''/G'$)在 60℃时出现突变的实验现象相一致，表明此时黏性成分大幅增加，在表中体现为 J_3 值的大幅增加。

固化后的环氧树脂生成了交联网络结构，实际上是各松弛单元的运动能力受到限制，因此相应的松弛时间会较普通沥青有所增加，如表 4.2 所示。同样，随着温度的升高(从 25℃到 40℃)，由于松弛单元的运动能力得到提高，松弛时间会缩短。然而，当温度升高到一定程度(60℃)，此时材料体系中的沥青部分的力学状态发生了从高弹态到黏流态的转变，模量迅速下降，但相比普通沥青体系，由于交联网络结构的存在，它仍然表现出了较高的弹性。由于黏性的沥青体系和弹性的环氧交联网络结构的综合作用，导致环氧沥青在 60℃时的松弛时间有一定幅度的增加，但远比普通沥青小。进一步在环氧沥青中加入具有弹性的 POE 粒子，此时体系的弹性模量进一步增加，在发生黏弹性转变时(60℃)，其恢复能力进一步增强，表现为松弛时间进一步下降。

采用 Burgers 本构模型对材料进行了不同应力和温度条件下的蠕变恢复情况进行了计算，其与实测值的拟合结果，如图 4.19 和图 4.20 所示。

图 4.19 和图 4.20 是采用 Burgers 模型对相应的蠕变恢复情况的拟合结果。从拟合的结果来看，除了在刚开始很短一段时间(≤10 s)内恢复其拟合存在一定偏差，大部分试验数据都拟合得相当好。这表明采用 Burgers 本构模型可以有效地描述沥青体系在一个较长时间内的蠕变恢复情况。

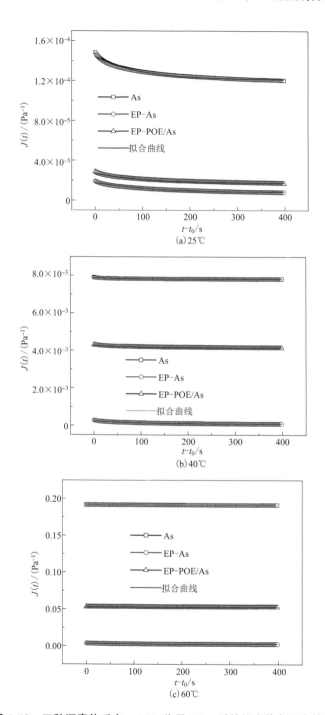

图 4.19　三种沥青体系在 400 Pa 作用 100 s 后的蠕变恢复拟合情况

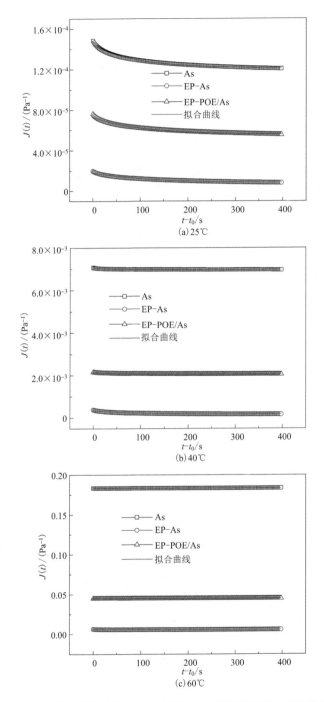

图 4.20　三种沥青体系在 1 kPa 作用 100 s 后的蠕变恢复拟合情况

4.2.3.3　蠕变恢复预测

根据第 4.2 节可知，沥青在外力作用下的形变由三部分构成，当外力去除之后，固态应变瞬间恢复，而黏性形变是无法恢复的，剩下的部分形变则随时间缓慢恢复。所以如果要准确预测某一温度下一段时间内的蠕变恢复非常困难，特别是结合实际路面受载状况时，其路面形变是多个受力变形累加的结果，因而蠕变恢复过程与应力作用历史有紧密关系。基于此，这里提出的预测仅在已知所产生的变形的基础上展开，且进行了"量纲一"处理，这样所预测的物理量就是整个形变恢复的百分比。我们由此建立了相应的蠕变恢复公式，如下式所示：

$$p(t) = e^{-\frac{t}{\tau}} \qquad (4.26)$$

或者

$$t = -\tau \cdot \ln p \qquad (4.27)$$

这里的 $p(t)$（或者 p）为消除应力 t 时间后，残留的变形占总的可恢复形变的百分比。由于 Burgers 本构模型没有考虑温度对蠕变恢复的影响，因此需要对其进行修正。根据高分子的分子运动理论，一个大分子链的松弛时间 τ 与温度的关系可以用 Arrehnius 方程来描述，如下式所示：

$$\tau = \tau_0 \cdot e^{\frac{\Delta E}{R \cdot T}} \qquad (4.28)$$

由于分子运动单元的多样性使得松弛时间是分散性的，所以这里的 τ 值实际为一个平均值。而且，松弛时间的概念是基于材料黏弹性提出的，而材料的黏弹性随着温度变化而变化，当材料变为纯黏性或者弹性时，预测公式随即失效。将式（4.28）代入式（4.26）式（4.27）中，可得：

$$\ln p(t) = -\frac{t}{\tau_0} = -\frac{t}{\tau_0} \cdot e^{\frac{\Delta E}{R \cdot T}} \qquad (4.29)$$

或者

$$t = -\tau_0 \cdot e^{\frac{\Delta E}{R \cdot T}} \cdot \ln p \qquad (4.30)$$

当 $t = 0$ 时，残留的可恢复的形变百分比为 100%；当 $t \to \infty$ 时，$p(t) \to 0$。根据第 4.3.3.2 节 Burgers 本构模型拟合蠕变恢复的结果，代入相应的 t 值就可求出 $\Delta E/R$、t_0 值。最后得到的结果如下：

$$\ln p(t) = -1.10 \times 10^5 t \cdot e^{-4.81 \times 10^3 \times \frac{1}{T}} \tag{4.31}$$

或 $$t = -9.07 \times 10^{-6} e^{-4.81 \times 10^3 \times \frac{1}{T}} \cdot \ln p \tag{4.32}$$

EP-As $$\ln p(t) = -8.33 t \cdot e^{-2.02 \times 10^3 \times \frac{1}{T}} \tag{4.33}$$

或 $$t = -0.12 e^{-4.81 \times 10^3 \times \frac{1}{T}} \cdot \ln p \tag{4.34}$$

EP-POE/As $$\ln p(t) = -3.39 t \cdot e^{-1.79 \times 10^3 \times \frac{1}{T}} \tag{4.35}$$

或 $$t = -0.29 e^{-1.79 \times 10^3 \times \frac{1}{T}} \cdot \ln p \tag{4.36}$$

需要指出的是,上述预测公式只能预测温度较低时的蠕变恢复情况,因为在高温时,材料的力学状态发生了较大的变化,可能已经变成纯黏性的流体,例如普通沥青在60℃时基本上表现为黏性了。

4.3 小结

本章主要研究了环氧沥青体系在不同条件下的力学行为并进行比较,在此基础上结合Burgers本构模型建立了相应的力学方程,然后通过与组合曲线进行比较,验证了方程的适用范围,最后尝试提出了用于预测力学行为的公式。得出的结论具体如下所述。

(1)通过POE对环氧沥青进行改性,可以在一定程度上改善环氧沥青的抗拉强度、柔韧性能,在-10℃、0℃、25℃条件下,POE的加入将环氧沥青的延伸率分别提高了20%、7.4%和5.9%,拉伸强度分别提高了8.8%、8.6%和2.5%。

(2)POE的加入,使环氧沥青的刚度提高了10%~20%,但是对材料的松弛性能影响不大。与日本、美国环氧沥青相比,对于劲度模量:美国环氧沥青>日本环氧沥青>EP-POE/As>EP-As;对于 m 值:日本环氧沥青>EP-POE/As = EP-As>美国环氧沥青。

(3)Burgers本构模型能够很好地模拟黏弹性沥青体系在低温下长时间($t \geqslant$ 8 s)应力作用下的蠕变特性。环氧树脂能增加沥青体系的弹性和黏性模量,在相同荷载作用下,其产生变形值更小;随着POE的加入,环氧沥青材料Burgers

本构模型参数 E_1、E_2、h_2、h_3 值都有所提高。

（4）利用 Burgers 本构模型结合 WLF 方程，成功建立了预测蠕变柔量的方程，通过与实测数值比较，该预测模型在低温下长时间（$t \geqslant 8$ s）应力作用下有较好的适用性。

（5）普通沥青材料在较低的温度条件下，具有较多模量和较强的蠕变恢复能力，随着温度的升高，其模量减少，当撤除作用荷载后，基本不产生瞬时弹性恢复和延迟弹性变形恢复；环氧沥青材料在相同的温度范围内表现出更多的模量和更强的蠕变恢复能力，随着温度的升高，其黏性模量（储能模量）和弹性模量（损耗模量）均下降，但仍保持了较高的水平。POE 的加入能提高环氧沥青在高温条件下抵抗变形的能力和蠕变恢复率。

（6）利用 Burgers 本构模型能够较好地拟合高温下应力恢复的情况，但对于短时间（特别是 10 s 内）的蠕变预测则有较大的偏差。

（7）利用 Burgers 本构模型结合 Arrehenius 方程，建立了预测蠕变恢复性能的方程。

第5章

环氧沥青混合料路用性能研究

环氧沥青混合料作为钢桥面铺装和超重交通道路的理想材料,需要具有优良的路用性能,如强度、水稳定性、温度稳定性、疲劳性能等。本章首先分析了级配对环氧沥青混合料性能的影响,接着测试了采用两种不同配比方案的环氧沥青(EP-POE/As 和 EP-As)制备的混合料各方面的性能,并与美国环氧沥青混合料和日本环氧沥青混合料的性能进行了对比,进一步验证了 POE 的加入能改善环氧沥青混合料的路用性能。

5.1 环氧沥青混合料的级配设计研究

5.1.1 集料级配对环氧沥青混合料性能的影响

为了确保环氧沥青混合料具有良好的强度、高温稳定性、低温抗变形性、抵抗水损害能力及抗疲劳开裂能力,大量的学者对环氧沥青的级配设计进行了研究,如长安大学丛培良提出了采用体积设计法进行环氧沥青级配设计,其环氧沥青混合料具有优良的密实性和路用性能;华南理工大学张肖宁提出了基于抗冲击韧性的 CAVF 级配设计方法,用该方法设计的环氧沥青混合料抗滑性能和疲劳性能明显改善;南京八卦洲长江大桥和澳大利亚西门桥环氧沥青混凝土桥面铺装经历多年的车辆荷载作用,仍未出现大的病害,证明其混合料级配设计是合理的;《公路钢桥面铺装设计与施工技术规范》(JTG/T 3364—02—2019)中提出了环氧沥青混合料级配要求的中值与南京八卦洲长江大桥环氧沥青混凝土级配基本一致。因此,本书采用了澳大利亚西门桥铺装材料级配、CAVF 级配设计方法及《公路钢桥面铺装设计与施工技术规范》（JTG/T 3364—02—2019）中提出了环氧沥青混合料的级配要求的中值，进行了马歇尔性能验证。各试验级配曲线如图 5.1 所示，环氧沥青混合料所用集料物理性能指标如表 5.1 和表 5.2 所示，马歇尔性能指标如表 5.3 所示。

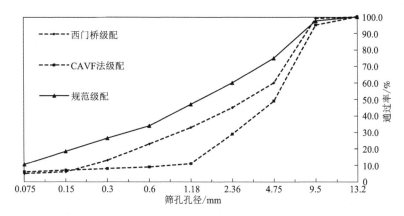

图 5.1 环氧沥青混合料级配曲线图

表 5.1 环氧沥青混合料用粗集料性能试验结果

试验指标		单位	试验结果	技术要求
洛杉矶磨耗值		%	15.8	≤26
磨光值 PSV		—	49	≥42
压碎值		%	12.4	≤22
与沥青的黏附性		级	5	5
针片状含量	9.5~13.2 mm	%	4.2	≤5
	4.75~9.5 mm		4.7	
软石含量	9.5~13.2 mm	%	1.2	≤2.5
	4.75~9.5 mm		1.4	
吸水率	9.5~13.2 mm	%	0.41	≤2.0
	4.75~9.5 mm		0.59	
	2.36~4.75 mm		0.82	
小于 0.075 mm 颗粒含量（水洗法）	9.5~13.2 mm	%	0.4	≤1.0
	4.75~9.5 mm		0.6	
	2.36~4.75 mm		0.7	

表 5.2 环氧沥青混合料用细集料性能试验结果

试验指标	单位	试验结果	技术要求
表观密度	g/cm³	2.724	≥2.50
坚固性(>0.3 mm 部分)	%	5	≤10
砂当量	%	73	≥60
小于 0.075 mm 颗粒含量(水洗法)	%	2.3	≤3

表 5.3 不同级配环氧沥青混合料性能试验结果

材料类型	油石比/%	空隙率/%	VMA/%	VFA/%	稳定度/kN	流值/0.1 mm	劈裂强度/MPa	动稳定度/(次·mm⁻¹)
规范级配	6.5	1.47	14.3	89.7	54.18	31	3.52	35200
西门桥级配	6.5	2.24	15.4	85.5	56.24	29	3.66	36700
CAVF 级配	6.5	2.01	15.1	86.7	57.32	27	3.72	37800

《公路钢桥面铺装设计与施工技术规范》(JTG/T 3364—02—2019)中提出了环氧沥青混合料的技术要求,如表 5.4 所示。

表 5.4 环氧沥青混合料技术要求

试验指标		单位	技术要求	试验方法
60℃马歇尔稳定度	固化试件	kN	≥40	JTG E20—2011 T0709
	未固化试件		≥5.0	
60℃马歇尔流值	固化试件,	mm	2.0~4.0	
	未固化试件		2.0~4.0	
动稳定度	70℃	次/mm	≥6000	JTG E20—2011 T0719
空隙率		%	1~3	JTG E20—2011 T0705
冻融劈裂强度比		%	≥85	JTG E20—2011 T0729
低温弯曲极限应变(-15℃,1 mm/min)		—	≥3×10⁻³	JTG E20—2011 T0715

通过图 5.1 看出,三种级配都属于连续级配,规范要求级配设计的混合料

较其他两种方法设计的混合料偏细，CAVF 设计的级配粗集料多、矿粉多、细集料少。通过表 5.3、表 5.4 可以看出，三种级配制备的环氧沥青混合料的空隙率、稳定度、动稳定度指标均能满足规范的要求，不同级配对环氧沥青混合料力学性能的影响较小，这是由于环氧沥青属于热固性材料，其混合料的性能主要依赖于环氧沥青材料的性能。

5.1.2 沥青用量对环氧沥青混合料性能的影响

本书采用 EP-POE/As 和 EP-As 两种环氧沥青制备混合料，测试了不同油石比时混合料的性能，试验采用《公路工程沥青及沥青混合料试验规程》（JTG E20—2011）中的方法进行。其试验结果如表 5.5 所示。

表 5.5 不同油石比环氧沥青混合料性能试验结果

混合料类型	油石比 /%	空隙率 /%	VMA /%	VFA /%	稳定度 /kN	流值 /0.1 mm	劈裂强度 /MPa
EP-POE/As	5.5	4.42	14.1	68.7	45.6	38.2	2.85
	6.0	2.52	14.2	82.3	48.6	34.2	3.13
	6.5	1.47	14.3	89.7	54.2	31.0	3.52
	7.0	1.24	14.6	91.5	53.2	31.6	3.42
	7.5	1.15	15.2	92.4	51.6	32.4	3.37
EP-As	5.5	4.24	14.2	70.1	42.4	42.4	2.6
	6.0	2.58	14.3	82.0	45.1	37.5	2.91
	6.5	1.43	14.5	90.1	50	34.6	3.36
	7.0	1.25	14.7	91.5	49.3	35.2	3.12
	7.5	1.16	15.2	92.4	47.7	36.8	3.08

通过表 5.5 可以看出，随着油石比的增加，两种环氧沥青混合料性能指标的变化趋势一致：空隙率逐渐减小，矿料间隙率与沥青饱和度逐渐增长，稳定度、流值和劈裂强度先增大后减小，在油石比为 6.5% 时出现最大值。对比两种环氧沥青混合料发现，随着 POE 的加入，混合料的稳定度和劈裂强度有一定的提高，而对空隙率、矿料间隙率与沥青饱和度指标的影响不明显，再次验证了 POE 的加入能增强环氧沥青的力学性能。

5.2 环氧沥青混合料温度稳定性研究

环氧沥青混合料作为钢桥面铺装材料，由于箱体的封闭，在夏季高温时，其钢箱梁顶板的温度会高出环境温度 30~40℃；在环境低温时，钢箱梁顶板的最低温度一般与环境温度相当。为了防止环氧沥青混合料材料在使用过程中有高温车辙、低温疲劳开裂、铺装层开裂、层间黏结失效等病害的产生，环氧沥青混合料在低温时，应具有抵御外界荷载引起的铺装层顶局部变形的能力；在高温时，应具有抵御车辆荷载反复作用产生车辙变形的能力；且为了避免由于温度变化，引起铺装层与桥面板间的收缩应力过大，导致铺装层与钢桥面板间层间黏结破坏，铺装层应与钢板的温度收缩系数相差不大。

5.2.1 环氧沥青混合料高温稳定性研究

本书采用 EP-POE/As 和 EP-As 两种环氧沥青制备混合料，测试了其在 70℃时的动稳定度，并与美国环氧沥青混合料和日本环氧沥青混合料进行对比，其试验结果如表 5.6 所示，试验后的试件如图 5.2 和图 5.3 所示。

表 5.6　不同类型环氧沥青混合料车辙试验结果

混合料类型	试件厚度/cm	试验温度/℃	动稳定度/(次·mm^{-1})	技术要求
EP-POE/As	5.0	70	35200	
EP-As	5.0	70	28636	≥6000
美国环氧沥青	5.0	70	22356	
日本环氧沥青	5.0	70	19542	

通过表 5.6 可以看出，四种环氧沥青混合料的动稳定度均远大于规范要求的，且 EP-POE/As 混合料动稳定度最高，与 EP-As、美国环氧沥青、日本环氧沥青混合料动稳定度相比，分别提高了 22.9%、57.4%、80.1%。这是因为不同环氧沥青所采用的固化剂、添加剂不同，其固化物的性能也不尽相同，EP-

图 5.2　试验中的车辙试件

图 5.3　环氧沥青混合料试验后的车辙试件

POE/As 与美国环氧沥青和日本环氧沥青相比,在高温下的结构更稳定,具有更高的强度和抵御变形的能力。对比 EP-POE/As 与 EP-As 混合料动稳定度可以看出,POE 的加入,增强了环氧沥青固化物的高温稳定性。

　　为了分析热固性环氧树脂材料对混合料高温性能的影响,本书采用制备环氧沥青用的中海 70#沥青制成相同的级配成型试件,进行了 70℃下动稳定度和不同温度下的马歇尔劈裂强度试验,其试验结果如表 5.7 和图 5.4 所示。

表 5.7 不同类型混合料车辙试验结果

混合料类型	试件厚度/cm	试验温度/℃	动稳定度/(次·mm^{-1})
EP-POE/As	5.0	60	46400
基质沥青	5.0	60	1120
EP-POE/As	5.0	70	35200
基质沥青	5.0	70	560

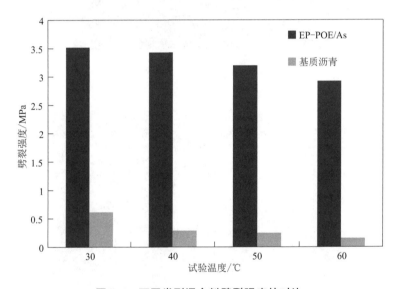

图 5.4 不同类型混合料劈裂强度的对比

通过表 5.7 可以看出，随着环氧树脂和固化剂的加入，沥青混合料的高温稳定性急剧升高，温度敏感性大幅度降低。环氧固化剂的加入，提高了沥青由黏弹态至高弹态转变的温度。在 60℃ 和 70℃ 条件下，环氧沥青混合料的动稳定度比基质沥青混合料动稳定度分别提高了 40 倍和 63 倍；当温度由 60℃ 升高到 70℃ 时，EP-POE/As 混合料和普通沥青混合料的动稳定度分别下降了 24.1% 和 50%。通过图 5.4 可以发现，随着环氧树脂的加入，混合料高温下的力学性能明显提高，且随着温度的升高，其环氧沥青混合料劈裂强度下降缓慢，而基质沥青混合料劈裂强度急剧下降。这是由于在环氧沥青混凝土中集料通过发生固化反应的三维网络固相薄膜而黏结在一起，是一种空间上的化学交联体系,而基质沥青混合料中集料是通过液相薄膜黏结的,其黏结力远低于热固性的环氧沥青。

5.2.2　环氧沥青混合料低温性能研究

沥青混凝土的低温变形能力在很大程度上取决于沥青材料的低温性能,美国 SHRP 研究成果证明了沥青的性能对低温问题的直接贡献率为 90%。环氧沥青材料作为一种热固性材料,其固化物具有优良的高温稳定性,但也存在固化物较硬、低温柔韧性能不足的问题。为此,本书通过在环氧沥青中加入增韧剂来提高其柔韧性能,采用混合料低温弯曲试验来分析掺加增韧剂对环氧沥青混合料低温性能的影响。不同类型环氧沥青混合料低温弯曲应力-应变关系如图 5.5 和图 5.6 所示。

通过图 5.5 和图 5.6 可以发现,低温弯曲试验能够得到材料在一定温度下的抗弯拉强度和极限弯拉应变值。对于混合料而言,抗弯拉强度高,则表示混合料刚度越大,那么对应的混合料的变形能力可能会减弱,因此,在进行混合料的低温性能评价时,不能只单一地考虑抗弯拉强度或极限弯拉应变值指标。而弯曲应变能密度临界值指标则能将抗弯拉强度和最大弯拉应变值两项指标结合在一起分析,其定义为在应力-应变曲线图上,应力达到最大值前曲线下方包络的面积。因此,本书采用弯曲应变能密度临界值作为评价指标,其低温弯曲试验结果如表 5.8 所示。不同类型环氧沥青混合料在 -15℃时的弯曲应变能密度临界值变化趋势如图 5.7 所示。

表 5.8　不同类型环氧沥青混合料混合料低温弯曲试验结果

混合料类型	试验温度 /℃	抗弯拉强度 /MPa	最大弯拉应变 /$\mu\varepsilon$	弯曲劲度模量 /MPa	弯曲应变能密度 临界值/MPa
EP-POE/As	0	19.51	5675	3438	0.055359
EP-As	0	19.10	5434	3515	0.051894
EP-POE/As	-15	23.35	3087	7563	0.036040
EP-As	-15	22.45	2751	8160	0.030879
美国环氧沥青	-15	20.4	1565	13367	0.015963
日本环氧沥青	-15	39.27	3120	12584	0.061261

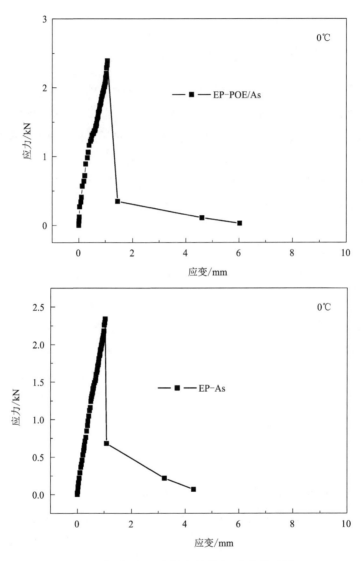

图 5.5　不同类型环氧沥青混合料应力-应变关系图(0℃)

通过表 5.8 和图 5.7 可以看出，随着 POE 的加入，环氧沥青混合料的变形能力随温度变化的趋势是一致的，EP-POE/As 相比 EP-As，抗弯拉强度及最大弯拉应变值都有所提高。随着温度的升高，抗弯拉强度有所降低，而最大弯拉应变值有所提高，EP-POE/As 与 EP-As 的变化幅度基本相同。将弯曲应变

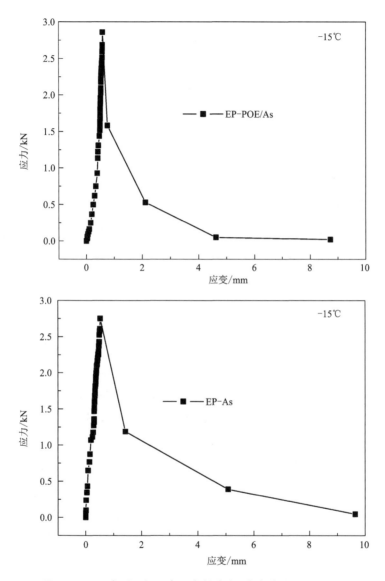

图 5.6　不同类型环氧沥青混合料应力-应变关系图(-15℃)

能密度临界值作为低温性能评价指标,四种环氧沥青混合料的低温性能从高到
低依次为日本环氧沥青、EP-POE/As、EP-As、美国环氧沥青,日本环氧沥青
混合料弯曲应变能密度临界值比 EP-POE/As 混合料和美国环氧沥青分别高出

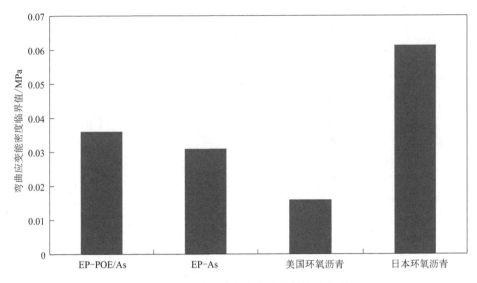

图 5.7 不同类型环氧沥青混合料弯曲应变能密度临界值(−15℃)

170%和384%。对比−15℃下 EP-POE/As 与 EP-As 混合料的试验结果可知，POE 的加入使环氧沥青混合料的弯曲应变能提高了16.7%。

为了进一步分析 POE 的加入对混合料低温性能的影响，对于 EP-POE/As 和 EP-As 混合料的低温弯曲破坏界面，采用日本电子株式会社的 JSM-6360LV 型扫描电镜进行了微观结构的观察，如图5.8所示。

通过图5.8可以看出，EP-As 与 EP-POE/As 混合料低温极限弯曲破坏试件的断面形貌也有很大不同。EP-POE/As 的断面要比 EP-As 的断面显示略微粗糙一些。进一步分析界面情况，其形貌如图5.9所示。比较两者可以很明显地看出，加入 POE 之后，断面处的集料与环氧沥青基体结合得非常牢固，几乎看不到裂纹，而没有加入 POE 的环氧沥青基体与集料的结合出现了细微裂纹。这两者的差别主要是由于材料韧性的差异。对于具有韧性的基体材料，其裂纹主要通过弹性粒子形变吸收能量，断裂时裂纹扩展被弹性粒子所终止。而没有添加弹性体的基体材料，在断裂变形时其裂纹扩展主要是在基体内传播，在集料与基体的界面上，由于界面两侧的弹性模量差异较大，其裂纹沿着界面扩展，在断裂时就会出现细微的裂缝。

(a)EP-As混合料　　　　　　　　　　　　　(b)EP-POE/As混合料

图 5.8　相同条件下制备的环氧沥青混合料低温极限弯曲破坏试件断裂形貌

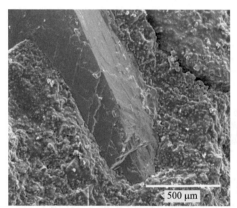
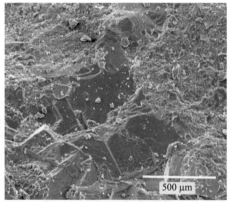

(a)EP-As混合料　　　　　　　　　　　　　(b)EP-POE/As混合料

图 5.9　相同条件下集料与环氧沥青基体的界面结合情况

5.2.3　环氧沥青混合料线收缩性能研究

环氧沥青作为钢桥面铺装层，其温度的变化幅度要远大于沥青混凝土路面，容易在铺装层内部产生较大的温度收缩应力。若钢桥面板顶面与铺装层温度收缩系数的差别较大时，在铺装层底面与钢板界面间会产生较大的界面剪切应力，可能引起铺装层的破坏或层间的黏结失效。因此，本书根据《公路工程沥青及沥青混合料试验规程》(JTG E20—2011)中要求的方法,测定了不同类型环氧沥青混合料在不同温度区间的线收缩系数,其试验结果如表5.9所示。

表5.9 环氧沥青混合料在各降温区间的线收缩系数

混合料类型	0~5℃	−5~0℃	−10~−5℃	−15~−10℃	平均值
EP-POE/As	2.68×10^{-5}	1.91×10^{-5}	1.53×10^{-5}	1.37×10^{-5}	1.87×10^{-5}
EP-As	2.72×10^{-5}	1.96×10^{-5}	1.53×10^{-5}	1.35×10^{-5}	1.88×10^{-5}
美国环氧沥青	2.54×10^{-5}	1.72×10^{-5}	1.47×10^{-5}	1.28×10^{-5}	1.75×10^{-5}
日本环氧沥青	1.93×10^{-5}	1.80×10^{-5}	1.55×10^{-5}	1.33×10^{-5}	1.65×10^{-5}

通过表5.9可以看出,四种环氧沥青混合料的线收缩系数差别不大,增韧剂对环氧沥青线收缩系数的影响不明显。EP-POE/As混合料在−15~5℃时的线收缩系数值在$(1.37~2.68) \times 10^{-5}$内变化,与钢板的线收缩系数$(1.1~1.4) \times 10^{-5}$相近,这表明,环氧沥青混合料与钢桥面板之间有较好的追从性,在温度发生变化的情况下,可以减小铺装层底面与钢板界面间的剪切应力。

5.3 环氧沥青混合料水稳定性研究

沥青混合料的水稳定性是沥青混合料抵抗水损害的能力。造成沥青混合料水损害的原因包括两个方面:一个方面是沥青与集料黏附性较差,水分逐渐侵入沥青与集料的界面,在水动力作用下,沥青膜逐渐从集料表面剥落,造成混合料性能的衰减;第二个方面是水分对沥青有乳化作用,在动水压力和冻融循环的反复作用下,其会导致沥青混合料强度下降。沥青混合料水稳定性评价包括以下内容:①沥青与集料的黏附性;②浸水前后,沥青混合料的力学性能的变化;③经过冻融循环后,沥青混合料的力学性能的变化。

环氧沥青中由于树脂的加入,使得沥青中极性组分增加,极性组分与集料表面发生的吸附为化学吸附,其分子间作用力强;其次,环氧沥青的加入使得环氧沥青共混体系初始黏度增大,且体系黏度随着固化反应的进行逐渐增大,体系黏度与黏附性有较好的相关关系,黏度越大,其与集料结合后形成的沥青膜强度越大,黏附性越好。因此,环氧沥青的与集料的黏附性好,集料的酸碱性对环氧沥青黏附性的影响较小。环氧沥青水稳定性分析,主要是分析浸水前后和经过冻融循环的混合料力学性能的变化。本书采用浸水前后混合料马歇尔强度的比值和试件保水经过冻融循环后其与未经过冻融循环的试件的劈裂强度比值作为水稳性的评价指标,其试验方法采用 JTG E20—2011《公路工程沥青及沥青混合料试验规程》中要求的方法,试验结果如表 5.10 和表 5.11 所示。

表 5.10　环氧沥青混合料的残留稳定度试验结果

混合料类型	养护条件	击实次数	空隙率/%	稳定度/kN	残留稳定度比 MS_0/%
EP-POE/As	浸水 48 h	75	1.48	49.64	91.6
	浸水 0.5 h	75	1.37	54.17	
EP-As	浸水 48 h	75	1.51	44.72	88.6
	浸水 0.5 h	75	1.46	50.46	

表 5.11　环氧沥青混合料的冻融劈裂强度试验结果

混合料类型	养护条件	击实次数	空隙率/%	劈裂强度/MPa	TSR/%
EP-POE/As	冻融试件	50	2.32	3.01	88.3
	未冻融试件	50	2.15	3.42	
EP-As	冻融试件	50	2.24	2.81	86.4
	未冻融试件	50	2.36	3.25	

通过表 5.10 和表 5.11 可以看出,不同类型环氧沥青混合料的水稳定性都能满足规范要求,环氧沥青混合料的稳定度和劈裂强度是普通沥青混合料的 3~4 倍,随着 POE 的加入,环氧沥青混合料的稳定度和劈裂强度都进一步提高,且经过浸水和冻融循环后掺入 POE 的环氧沥青混合料稳定度和劈裂强度的降低值都比未掺入 POE 的环氧沥青混合料小。这是由于 POE 的加入,增大了环氧沥青的黏度,提高了其与石料间的黏附力,进而影响环氧沥青混合料的水稳定性。

5.4 环氧沥青混合料疲劳性能研究

文献［131］［132］对钢桥面铺装常用的四种材料（SBS 改性沥青混凝土、SBR 改性沥青混凝土、复合改性浇筑式沥青混凝土、环氧沥青混凝土）的疲劳性能进行了多个应变水平的试验研究，结果表明环氧沥青混凝土的疲劳寿命远高于 SBS 改性沥青混凝土及 SBR 改性沥青混凝土。文献［133］［134］的研究也得到相似的结论，认为环氧沥青混凝土的疲劳性能表现为非线性特征，当应变超过一定水平后会发生类脆性破坏。总体而言，环氧沥青混合料是一种疲劳性能较好的钢桥面铺装材料。

为了分析 POE 对环氧沥青混合料疲劳性能的影响，本书采用 EP-POE/As 和 EP-As 作为结合料成型混合料试件，在相同试验条件下测试其疲劳性能。

5.4.1 疲劳性能试验参数设计

5.4.1.1 荷载控制模式

为模拟路面在车辆荷载作用下的疲劳状态，通常将疲劳试验分为应力控制和应变控制两种模式。应力控制模式疲劳试验是指对混合料试件施加的荷载保持不变，其疲劳破坏的准则为试件出现明显断裂；应变控制模式是指在进行沥青混合料疲劳试验过程中，保持沥青混合料试件底部的拉伸应变不变，其疲劳破坏的准则为试件的劲度模量值降低到初始劲度模量值的 50% 以下。应力控制模式适合于铺装厚度较厚的路面，应变控制模式适用于铺装厚度较薄的路面。

对于钢桥面铺装而言，其铺装结构的总厚度一般为 5~7 cm，且钢板模量为 210 GPa，而环氧沥青混合料模量为 15 GPa 左右，钢板模量是环氧沥青混合料模量的 10 倍以上，环氧沥青混合料本身不发挥承重作用，铺装体系的变形取决于钢桥面板的变形；对于正交异性钢桥面板，肋板顶端的弯拉应变值较大，且钢桥面铺装破坏有很大一部分原因是铺装材料的老化和变形性能降低引起的疲劳开裂破坏。因此，疲劳试验采用应变控制模式模拟环氧沥青混凝土材料的受力状况和疲劳衰减过程。

5.4.1.2　加载频率及加载波形

参考国内外相关文献,当加载频率为 10 Hz,相对应的加载时间约为 0.016 s,大致相当于行车速度为 60~65 km/h,能较好地模拟实际交通荷载对钢桥面铺装层的作用。因此,本书进行疲劳试验时的加载频率选用 10 Hz。在参考国内外路面材料弯曲疲劳试验的基础上,为更加真实地模拟铺装层受力状态,选取半正弦波进行相关疲劳试验。

5.4.1.3　应变水平

疲劳试验中需要选择合适的应变水平,既能真实模拟材料的疲劳极限,又不至于试验时间过长。目前理论分析的结果通常认为在 15℃条件下,钢桥面铺装层表面产生的最大拉伸应变为 200~400$\mu\varepsilon$,其中在 400$\mu\varepsilon$ 应变水平下,环氧沥青混合料的疲劳试验作用 1200 万次后,其劲度模量值衰减缓慢,远大于初始劲度模量值的 50%。另外,对于日本和美国环氧沥青混合料疲劳性能的研究,其应变水平取值为 600~1200$\mu\varepsilon$。为了缩短试验时间,且保证在选择的应变水平范围内能完全反映环氧沥青混合料的疲劳性能,即应变水平范围涵盖环氧沥青混合料发生疲劳破坏的临界应变值,并能与其他类型的环氧沥青混合料进行对比,综合分析,本书拟定的应变水平为 600$\mu\varepsilon$、800$\mu\varepsilon$、1000$\mu\varepsilon$、1200$\mu\varepsilon$。

5.4.1.4　试验温度

参考沥青混凝土路面疲劳试验最不利温度 15℃作为本书的环氧沥青混合料疲劳试验温度。

5.4.2　试验方案

国内外目前常用的路面材料小梁弯曲疲劳试验方式有四种:四点小梁弯曲、中点加载小梁弯曲、旋转悬臂梁以及梯形悬臂梁试验。四点小梁弯曲与中点加载小梁弯曲相比,试验试件在中间三分之一范围内的弯矩为 0,仅考虑弯拉变形对试件的影响,沥青混合料由于集料在混合料中的分布均匀性较差,因此其试验结果变异小,能更好地反映材料的真实疲劳性能。本书选用四点小梁弯曲进行疲劳试验。

轮碾成型方式可以较好地模拟实际路面状况的铺装碾压过程,本书采用英国 COOPER 公司生产的 CRT-RC2S 型震动轮碾成型设备对试件进行碾压成型，振动碾压成型设备如图 5.10 所示，试件尺寸为 400 mm×300 mm×75 mm。将 EP-POE/As 和 EP-As 作为结合料以最佳油石比成型环氧沥青混合料，严格控制成型试件的空隙率在马歇尔试件空隙率±0.5%范围内，经 120℃恒温固化 4 h 后，采用高精度双面同步切割设备将成型的试件切割成 380 mm×65 mm×50 mm 的标准四点小梁弯曲试件，在每种应变水平下采用 3 次平行试验。

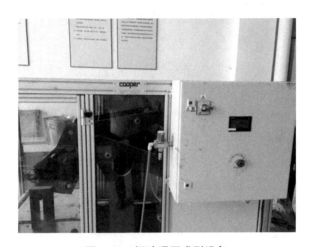

图 5.10　振动碾压成型设备

采用美国生产的 MTS-810 型液压伺服材料试验机进行疲劳试验，MTS 力传感器的测量精度为 1N，最大测量值为 20 kN。试验过程中，设备系统会自动控制加载并实时记录试验参数的变化状态直至劲度模量下降到初始劲度模量的 50%时，试验自动停止，并记录试验次数。环境温度箱的控温精度为 0.1℃。本试验所使用的试验设备及四点弯曲法夹具如图 5.11、图 5.12 所示。

试验流程如下。

(1)将成型的试件放置在 MTS 试验环境箱中，同条件养护 5 h。考虑到温度对试验结果的影响，试验时和试件养护过程尽量避免环境箱中温度的变化，且将试件放置于环境箱尽量靠中间的位置。

图 5.11　MTS 液压伺服材料试验机

图 5.12　四点弯曲法对应的夹具

（2）将养护好的试件装入四点弯曲疲劳夹具，准确调整各夹头的距离以保证间距值相同，且将试件放置水平后，拧动上夹头至与试件刚好接触。

（3）打开 MTS 设备软件控制界面，设置参数后开始试验。试验结束的条件为试件加载 100 万次或试件剩余劲度模量低于初始劲度模量的 50%，满足条件之一即视为试验完成。

5.4.3　疲劳试验结果分析

环氧沥青混合料试件受到荷载的反复作用，荷载作用每循环一次，就会使材料劲度模量发生一定量的衰减，随着荷载作用次数的不断增加，损伤范围也会逐渐扩大。本书在小应变水平下，以试件加载 100 万次的劲度模量衰减程度来评价环氧沥青混合料的疲劳性能；大应变水平下，以试件剩余劲度模量低于初始劲度模量 50% 时对应的试验次数来评价环氧沥青混合料的疲劳性能。EP-POE/As 和 EP-As 混合料在不同应变水平下的疲劳试验结果如表 5.12、表 5.13 所示。

表 5.12　各应变水平下 EP-POE/As 混合料疲劳性能

应变水平 /$\mu\varepsilon$	初始劲度模量 /MPa	剩余劲度模量 /MPa	剩余劲度模量比 /%	模量下降50% 对应的次数
600	12576	10312	82	—
800	12256	6128	50	82 万次
1000	12302	6151	50	26 万次
1200	10958	5479	50	7 万次

表 5.13　各应变水平下 EP-As 混合料疲劳性能

应变水平 /$\mu\varepsilon$	初始劲度模量 /MPa	剩余劲度劲度模量 /MPa	剩余模量比 /%	模量下降50% 对应的次数
600	12074	9176	76	—
800	11853	5926	50	66 万次
1000	11980	5990	50	20 万次
1200	10441	5220	50	3.5 万次

　　为更加直观地了解两种环氧沥青混合料的疲劳性能，现将两种材料的剩余劲度模量比随荷载作用次数变化的趋势绘制成图 5.13 与图 5.14。

　　通过表 5.12、表 5.13 可以看出，不同类型环氧沥青混合料劲度模量的变化趋势与荷载作用次数衰减趋势大体一致。EP-POE/As 混合料在不同温度下的初始劲度模量值和试验结束时的劲度模量值均大于 EP-As 混合料。图 5.13、图 5.14 直观地表现了在不同应变水平条件下，两种环氧沥青混合料剩余劲度模量比随着荷载作用次数变化的关系，劲度模量的衰减幅度随着应变水平的提高而增大。当应变水平为 $600\mu\varepsilon$ 时，两种环氧沥青混合料的剩余劲度模量比均随着荷载作用次数的增加而缓慢减少，荷载作用 100 万次后，EP-POE/As 混合料的剩余劲度模量比为 82%，EP-As 混合料的剩余劲度模量比为 76%；当应变水平为 $800\mu\varepsilon$ 时，两种材料的剩余劲度模量比下降较快，EP-POE/AS 混合料疲劳作用 82 万次后，达到设定的疲劳破坏条件，即混合料的劲度模量比下降到初始劲度模量的 50%，EP-As 混合料疲劳作用 66 万次后达到疲劳破坏条件，掺入 POE 后环氧沥青混合料的疲劳性能提高了 24.2%；当加载应变水平为

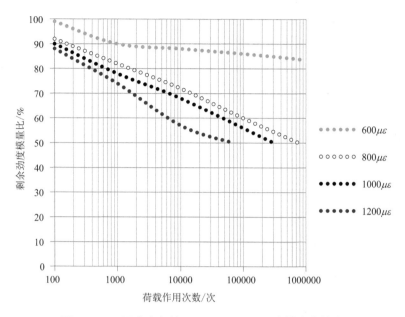

图 5.13 不同应变条件下 EP-POE/As 混合料疲劳性能

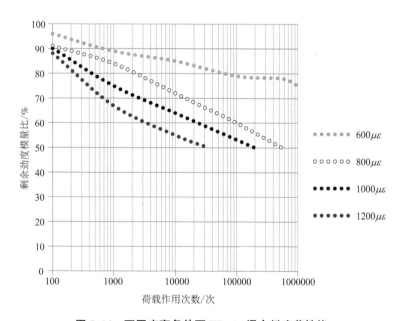

图 5.14 不同应变条件下 EP-As 混合料疲劳性能

$1000\mu\varepsilon$ 时，EP-POE/As 混合料作用 26 万次后达到疲劳破坏条件，EP-As 型环氧沥青混合料作用 20 万次后达到疲劳破坏条件，掺入 POE 后环氧沥青混合料的疲劳性能提高了 30%；当加载应变水平为 $1200\mu\varepsilon$ 时，两种材料的劲度模量比衰减速度更快，EP-POE/As 和 EP-As 混合料达到疲劳破坏条件的荷载作用次数分别为 7 万次和 3.5 万次，掺入 POE 后环氧沥青混合料的疲劳性能提高了 100%。不同类型环氧沥青混合料疲劳次数随应变水平变化的情况如图 5.15 所示。

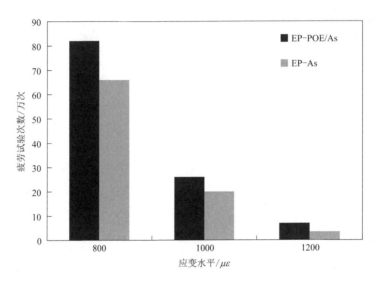

图 5.15　不同类型环氧沥青混合料疲劳次数随应变水平的变化

由图 5.15 可以看出，两种环氧沥青混合料的疲劳性能受应变水平的影响较大，随着应变水平的提升，两种环氧沥青混合料的疲劳寿命均呈减小趋势，且应变水平越大，疲劳性能衰减越快；对比两种类型环氧沥青疲劳试验结果发现，POE 的加入减缓了混合料疲劳性能的衰减速率。当应变水平从 $800\mu\varepsilon$ 提升至 $1000\mu\varepsilon$ 时，应变提高了 25%，EP-POE/As 和 EP-As 混合料疲劳次数衰减了 68.3% 和 69.7%；当应变水平从 $1000\mu\varepsilon$ 提升至 $1200\mu\varepsilon$ 时，应变提高了 20%，EP-POE/As 和 EP-As 混合料疲劳次数衰减了 73.1% 和 82.5%。综合以上分析，EP-POE/As 混合料的疲劳性能要优于 EP-As 混合料。

为进一步分析 EP-POE/As 混合料的疲劳性能，参考国内外对日本和美国环氧沥青混合疲劳性能的相关研究，得到不同类型环氧沥青混合料疲劳试验数据，如表 5.14 所示。

表 5.14　不同类型环氧沥青混合料疲劳试验数据(万次)

混合料类型	$800\mu\varepsilon$	$900\mu\varepsilon$	$1000\mu\varepsilon$	$1200\mu\varepsilon$	$1250\mu\varepsilon$
美国环氧沥青	80	—	19	—	7.8
日本环氧沥青	69	24.01	12.6	—	—
EP-POE/As	82	—	26	8.6	—

　　将 EP-POE/As 混合料同美国环氧沥青混合料、日本环氧沥青混合料疲劳数据采用式(5.1)进行表征：

$$N_f = K\left(\frac{1}{\varepsilon_0}\right)^n \qquad (5.1)$$

式中：K、n 为疲劳试验所确定的系数；N_f 为达到疲劳破坏条件时的荷载作用次数；ε_0 为初始的弯拉应变值。

　　根据式(5.1)得到的不同类型环氧沥青混合料疲劳曲线如图 5.16 所示，疲劳拟合方程如表 5.15 所示。

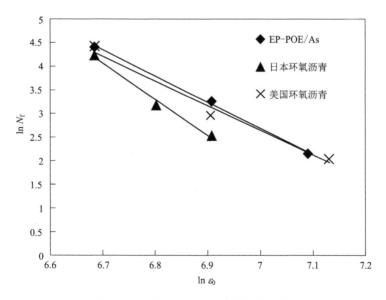

图 5.16　不同类型环氧沥青混合料疲劳曲线

表 5.15   不同类型环氧沥青混合料疲劳拟合方程

混合料类型	疲劳拟合方程	相关系数 R^2
美国环氧沥青	$\ln N_f = 39.159 - 5.2162\ln \varepsilon_0$	0.982
日本环氧沥青	$\ln N_f = 55.298 - 7.6465\ln \varepsilon_0$	0.989
EP-POE/As	$\ln N_f = 41.508 - 5.5462\ln \varepsilon_0$	0.998

由于钢桥面铺装层的最大弯拉应变值为 $200 \sim 400\mu\varepsilon$，本书以应力水平 $400\mu\varepsilon$ 为例代入表 5.15 中各种环氧沥青混合料疲劳拟合方程，推算了在 $400\mu\varepsilon$ 下各种材料的疲劳破坏次数，如图 5.17 所示。

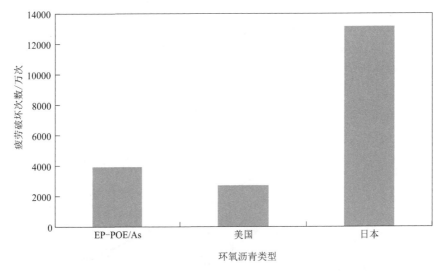

图 5.17   不同类型环氧沥青混合料疲劳破坏推算次数（$400\mu\varepsilon$）

从上述图表可以看出，在应力水平 $400\mu\varepsilon$ 情况下，各种环氧沥青混合料的疲劳推算寿命如下：日本环氧沥青最长，EP-POE/As 次之，美国环氧沥青最短，但都超过了 2500 万次。在应力水平 $800\mu\varepsilon$ 时，EP-POE/As 混合料与美国环氧沥青混合料疲劳寿命相差不大，两者疲劳寿命均大于日本环氧沥青混合料的疲劳寿命；当应变水平为 $1000\mu\varepsilon$ 时，三种材料疲劳寿命大小为 EP-POE/As 混合料>美国环氧沥青混合料>日本环氧沥青混合料。当应变水平由 $800\mu\varepsilon$ 提

升至 $1000\mu\varepsilon$ 时,日本环氧沥青混合料、美国环氧沥青混合料和 EP-POE/As 混合料的疲劳寿命分别衰减了 81.7%、76.3% 和 68.3%,日本和美国环氧沥青混合料衰减程度均大于 EP-POE/As 混合料,说明这三种环氧沥青混合料都具有良好的疲劳性能,且 EP-POE/As 混合料疲劳性能对应变水平的敏感性比日本和美国环氧沥青混合料低。

5.5　小结

本章首先分析了不同级配对环氧沥青混合料性能的影响,通过常规马歇尔试验、劈裂试验、低温弯曲试验、车辙试验、浸水马歇尔试验、疲劳试验等对不同类型环氧沥青混合料的温度稳定性、水稳定性以及抗疲劳性能等方面进行了对比分析,得出了以下结论。

(1)不同级配对环氧沥青混合料力学性能的影响较小。

(2)随着 POE 的加入,环氧沥青混合料的稳定度和劈裂强度都提高了约10%,而对空隙率、矿料间隙率和沥青饱和度指标的影响不明显。

(3)环氧树脂的加入对沥青的温度稳定性的提高非常明显,且 POE 的加入进一步提高了环氧沥青固化物的高温稳定性,EP-POE/As 混合料动稳定度与EP-As、美国环氧沥青、日本环氧沥青混合料动稳定度相比,分别提高了22.9%、57.4%、80.1%;POE 的加入使环氧沥青混合料在 $-15℃$ 下的弯曲应变能提高了 16.7%。

(4)EP-POE/As 和 EP-As 环氧沥青混合料与钢桥面板之间有较好的追从性,在温度发生变化的情况下,可以减小铺装层底面与钢板界面间的剪切应力。

(5)随着 POE 的加入,经过浸水和冻融循环后掺 POE 环氧沥青混合料稳定度和劈裂强度的降低值都比未掺 POE 的环氧沥青混合料小。

(6)随着 POE 的加入,环氧沥青混合料疲劳性能明显提高,且随着应变水平的提升,其提高幅度越大。当加载应变水平为 $800\mu\varepsilon$ 时,掺入 POE 后环氧沥青混合料的疲劳性能提高了 24.2%;当加载应变水平为 $1000\mu\varepsilon$ 时,掺入 POE 后环氧沥青混合料的疲劳性能提高了 30%。

(7)EP-POE/As 与日本和美国环氧沥青混合料路用性能相比,高温稳定

性：EP-POE/As 型>美国环氧沥青>日本环氧沥青；低温柔韧性：日本环氧沥青>
EP-POE/As>美国环氧沥青；对于线收缩系数三者区别不大；疲劳性能：在应
力水平为 800$\mu\varepsilon$ 时，EP-POE/As 和美国环氧沥青几乎相同，都大于日本环氧
沥青；在应力水平为 1000$\mu\varepsilon$ 时，EP-POE/As>美国环氧沥青>日本环氧沥青，
EP-POE/As 混合料疲劳性能对应变水平的敏感性比日本和美国环氧沥青混合
料低。

第6章

环氧沥青混合料施工性能研究

环氧沥青混合料是由 A 组分、B 组分和集料一起拌和成型的，与普通沥青混合料相比，制备工艺复杂。本章首先研究了不同制备工艺对环氧沥青混合料性能的影响。环氧沥青属于热固性材料，随着固化反应的进行，其体系黏度逐渐增大，当黏度增长超过一定值时，会导致环氧沥青混合料碾压不密实，因此为了保障施工质量，获得不同温度条件下混合料的施工容留时间，本章测试了环氧沥青不同体系黏度下成型的马歇尔试件的稳定度和空隙率，确定了环氧沥青施工碾压的控制黏度，再根据体系黏度增长模型及预测公式，推测了不同施工温度下的施工容留时间。然后根据反应的时温等效原理，环氧沥青混合料的养护时间受环境温度的变化的影响，本章通过测试不同温度养护条件下环氧沥青混合料的强度增长情况，分析了环氧沥青混合料强度增长的时间和温度依赖性，建立了环氧沥青混合料强度增长模型，为其养护期限的确定提供参考。

6.1　制备工艺对环氧沥青混合料性能的影响研究

环氧沥青作为一种热固性聚合物材料，其化学特性决定了环氧沥青混合料的制备工艺不同于一般的沥青混合料。为了了解制备工艺对环氧沥青混合料性能的影响，本书在不同施工拌合方式下成型环氧沥青混合料试件，并对试件进行了空隙率测定及水稳定、温度稳定性试验，通过试验数据分析了制备工艺对环氧沥青混合料性能的影响。

135

6.1.1　制备工艺的确定

目前，环氧沥青混合料的制备工艺主要有两种形式：一种是将环氧沥青各组分共混均匀后加入集料中拌合；一种是将环氧沥青各组分分别加入集料中再一起拌合。前者制备工艺比较复杂，需要一套专用的拌合设备，而后者制备工艺较为简单，仅需要在普通沥青混合料拌合设备基础上加以改装。

为了模拟不同的环氧沥青混合料的现场制备工艺，本书通过室内试验设计了两种不同的环氧沥青混合料成型方式。

原材料的选择及物理力学性质与前文所述相同，A 组分为沥青、增韧剂、固化剂、相溶剂的共混物；B 组分为环氧树脂与稀释剂的混合物。

第①种方式：首先将按级配准备好的集料放置于 125℃ 恒温烘箱中保温 4 h，然后将集料倒入马歇尔搅拌锅中，搅拌 1 分 30 秒。然后将 A 组分注入直径为 8 cm、高为 12 cm 的搅拌容器中，将搅拌容器放置于 60℃ 的恒温水浴中，采用人工搅拌的方式，搅拌速度控制在 200~250 r/min，搅拌时间为 3 min，搅拌均匀后投入集料中，同时将 B 组分加入集料中，B 组分温度为 120℃，将整个混合物在 120℃ 温度条件下拌和 1 min 后加入 120℃ 的矿粉，继续拌和 2 min，将混合料取出，放置于 120℃ 烘箱中保温 50 min。

第②种方式：首先将按级配准备好的集料放置于 125℃ 恒温烘箱中保温 4 h，然后将集料倒入马歇尔搅拌锅中，搅拌 1 分 30 秒。然后将 A、B 组分一同注入直径为 8 cm、高为 12 cm 的搅拌容器中，将搅拌容器放置于 60℃ 的恒温水浴中，采用人工搅拌的方式，搅拌速度控制在 200~250 r/min，搅拌时间为 3 min，搅拌均匀后投入 125℃ 的集料中，将整个混合物在 120℃ 温度条件下，拌和 1 min 后加入 120℃ 的矿粉，继续拌和 2 min。最后将混合料取出，放置于 120℃ 烘箱中保温 50 min。

6.1.2　试验结果与分析

将经过保温后的混合料分为两批，一批试件成型后自然冷却至室温，一批试件带模放入 120℃ 烘箱中高温加速固化 4 h，然后冷却至室温。

6.1.2.1　马歇尔性能试验分析

根据《公路工程沥青及沥青混合料试验规程》(JTG E20—2011)中的相关规程，测试了固化后马歇尔试件的空隙率和稳定度及未固化试件的稳定度。其试验结果如表 6.1 所示。

表 6.1　不同成型方式下马歇尔性能试验结果

成型方式	空隙率/%	稳定度/kN		试件描述
		固化后	未固化	
①	1.91	52.04	11.02	试件密实，无离析
②	1.86	54.42	11.60	试件密实，无离析

由表 6.1 可以看出，不同成型方式下，环氧沥青混合料的强度和空隙率差别不大，方式②成型试件的强度稍高于方式①成型试件的强度。这表明环氧沥青按照不同的方式混合时，对环氧固化反应产物强度的影响不大。

6.1.2.2　水稳定性试验分析

将不同成型方式制成的试件分成两组进行试验，每组 4 个，测试浸水前后的稳定度值，试验结果如表 6.2 所示；未经过冻融循环的试件和饱水后经过冻融循环的试件劈裂强度值如表 6.3 所示。

表 6.2　不同成型方式下环氧沥青混合料残留稳定度试验结果

成型方式	养护条件	击实次数	空隙率/%	稳定度/kN	残留稳定度比 MS_0/%
①	浸水 48 h	75	2.08	44.68	87.2
	浸水 0.5 h	75	1.96	51.24	
②	浸水 48 h	75	2.14	46.68	88.4
	浸水 0.5 h	75	2.02	52.62	

表6.3 不同成型方式下环氧沥青混合料冻融劈裂试验结果

成型方式	养护条件	击实次数	空隙率/%	劈裂强度/MPa	残余强度比/%
①	冻融试件	50	2.94	2.89	86.8
	未冻融试件	50	2.72	3.33	
②	冻融试件	50	2.96	3.10	87.2
	未冻融试件	50	2.84	3.56	

由表6.2、表6.3可知，两种成型方式对于环氧沥青混合料的水稳定性影响不大。方式②成型的试件的强度略高于方式①成型的试件。

6.1.2.3 温度稳定性试验

（1）车辙试验

按照《公路工程沥青及沥青混合料试验规程》（JTG E20—2011）中的相关规程进行，试验结果如表6.4所示。

表6.4 不同成型方式下环氧沥青混合料车辙试验结果

成型方式	试件厚度/cm	试验温度/℃	动稳定度/（次·mm^{-1}）
①	5.0	70	43200
②	5.0	70	45700

6.2 低温抗裂试验

试件尺寸为250×30×35（mm），放入-15℃养护箱中4 h后，使用低温弯曲试验仪进行试验，试验结果如表6.5所示。

表 6.5　不同成型方式下环氧沥青混合料低温试验结果

成型方式	编号	弯拉强度/MPa	弯拉应变/$\mu\varepsilon$	劲度模量/MPa
①	1	19.84	2331	8510
	2	20.73	2426	8549
	3	22.04	2468	8932
②	1	21.71	2961	7333
	2	23.67	3119	7591
	3	23.02	3019	7626

　　由表 6.4、表 6.5 可知，两种成型方式对于环氧沥青混合料的高温稳定性影响不大，方式②成型试件的高温稳定性稍优于方式①；在低温抗裂性能方面，方式②成型试件相比方式①的试件，抗弯拉应变提高了 25.9%，抗弯拉强度提高了 9.26%，劲度模量降低了 13.2%。这说明通过方式②成型的试件的低温抗弯拉强度和低温变形能力较方式①好。产生这种现象的原因如下：环氧沥青固化过程首先是酸酐固化剂中的酸酐键打开形成羧酸负离子，而后环氧基被该负离子打开，形成环氧负离子；环氧负离子继续同环氧基反应；最终这两种反应几乎同时发生，产物相互叠加、纠缠，所以最终形成的是一种立体互穿的聚合物网络结构。①②两种成型方式的主要区别在于两组分的结合方式，方式①中 A、B 组分融合后再与集料结合，而方式②中 A、B 组分未经历融合这一环节就直接加入集料中，影响了固化反应进程，导致了固化物性能的差别。

　　综合上述分析，采用方式②制备的环氧沥青混合料路用性能优于采用方式①制备的环氧沥青混合料，即在制备 EP-POE/As 混合料时，需要先将 A、B 组分混合均匀后再投入集料中共同拌和。

6.3　环氧沥青混合料施工容留时间研究

　　当环氧沥青各组分混合后，环氧沥青共混物的体系黏度随着固化反应的进行而逐渐增大，当反应达到一定的阶段并开始产生凝胶体时，体系黏度迅速增大。因此,环氧沥青混合料在施工过程中,环氧沥青体系黏度在不断变化。对环氧沥青混合料施工质量控制而言,必须在一定的环氧沥青体系黏度范围内完成摊铺、碾压,因为环氧沥青体系黏度过低,摊铺过程中混合料容易产生离析,黏度过大则会导致混合料碾压不密实。对于普通沥青混合料,《公路沥青路面施工技术规范》(JTG F40—2004)中规定适宜拌和的沥青结合料黏度范围为(0.28±0.03)Pa·s。对于环氧沥青混合料适宜拌和环氧沥青体系黏度范围的确定,本书采用的思路是先测试在不同拌和温度、时间下环氧沥青混合料试件的空隙率及马歇尔稳定度;然后按照《公路钢桥面铺装设计与施工技术规范》(JTG/T 3364—02—2019)中提出的环氧沥青混合料技术要求中的相应指标界限值,得到不同温度下的可施工时间,结合不同温度下的环氧沥青共混体系黏度-时间增长曲线,得出在此时间节点对应的体系黏度值,并将其作为体系黏度控制范围;再通过建立的环氧沥青体系黏度增长模型,根据已确定的体系黏度控制值,推测出在不同温度下的环氧沥青混合料施工容留时间。

不同温度、保温时间下环氧沥青混合料试件的空隙率及马歇尔稳定度测试结果如表6.6所示,测试结果随保温时间变化的趋势如图6.1~图6.4所示。

表6.6 不同温度和保温时间下环氧沥青混合料的强度和空隙率试验结果

拌合温度 /℃	编号	保温时间/min	空隙率 /%	毛体积密度 /(g·cm⁻³)	稳定度 /kN
110	1	20	1.67	2.470	46.54
	2	30	1.72	2.469	46.96
	3	40	1.69	2.470	48.72
	4	50	1.84	2.466	50.24
	5	60	1.97	2.463	51.42
	6	70	2.34	2.453	50.18
	7	80	3.56	2.423	47.85

续表6.6

拌合温度 /℃	编号	保温时间/min	空隙率 /%	毛体积密度 /(g·cm⁻³)	稳定度 /kN
120	1	20	1.72	2.469	47.26
	2	30	1.64	2.471	49.72
	3	40	1.75	2.468	51.32
	4	50	2.01	2.462	52.40
	5	60	2.12	2.459	53.28
	6	70	3.04	2.436	49.60
130	1	20	1.47	2.475	48.32
	2	30	1.68	2.470	47.46
	3	40	1.79	2.467	51.37
	4	50	2.45	2.450	52.04
130	4	50	2.45	2.450	52.04
	6	60	5.43	2.376	33.57

通过表6.6和图6.1~图6.3可以看出，混合料的稳定度和空隙率随着保温时间和温度的变化而变化，不同温度下，试件的空隙率和稳定度随与保温时间的变化趋势相同。试件的空隙率随着保温时间的增长而变大，且前期变化较缓慢，当超过一定的时间节点，空隙率会迅速增加；稳定度会随着保温时间的增长先变大后减少，且前期变化较缓慢，当超过一定的时间节点，稳定度会迅速减小，其发生转折的时间节点与空隙率曲线变化的拐点基本一致。随着温度的升高，过了一定的时间节点后，试件的空隙率与稳定度指标随时间的变化幅度而越大。《公路钢桥面铺装设计与施工技术规范》(JTG/T 3364—02—2019)中对于环氧沥青混合料的空隙率要求为1%~3%，且固化后试件的稳定度值≥40 kN，本书以这两个要求为控制指标，得到了不同温度下达到界限值的时间(见图6.4)，当混合料试件空隙率达到3%时，其混合料的稳定度值大约为46 kN。如图6.4所示，温度的变化对可施工时间的影响明显，随着温度的提高，可施工时间变短，且温度越高，可施工时间变化的幅度越大；但温度的变化对混合料固化物的强度最大值的影响不大，其试件稳定度最大值都在52 kN左右。

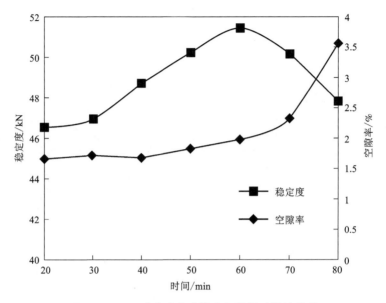

图 6.1　110℃稳定度和空隙率与保温时间的关系

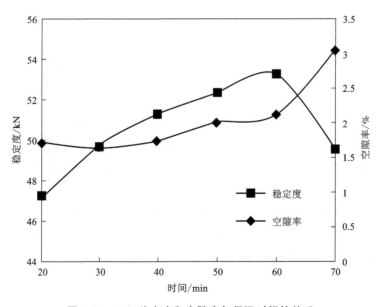

图 6.2　120℃稳定度和空隙率与保温时间的关系

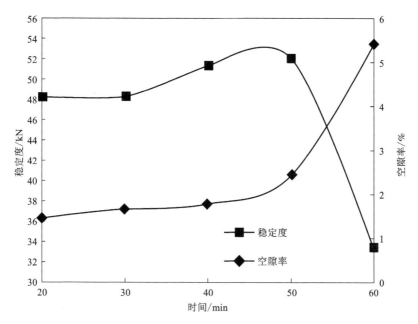

图 6.3 130℃稳定度和空隙率与保温时间的关系

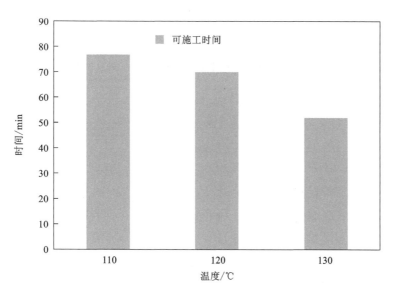

图 6.4 不同温度下可施工的时间

将通过马歇尔试验得到的不同温度下混合料可施工时间的界限值，对应前面章节得到的不同温度下环氧沥青固化物的体系黏度–时间的增长关系曲线图中的时间值，查图 6.5 即可得到环氧沥青体系黏度值控制范围，其值如表 6.7 所示。

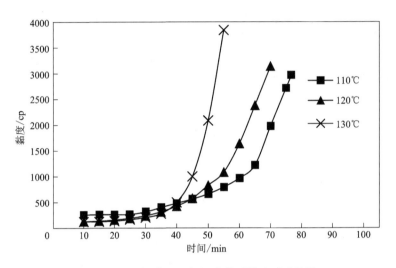

图 6.5　不同温度下环氧沥青体系黏度试验结果

表 6.7　不同温度下环氧沥青混合料达到临界值的时间对应的环氧沥青体系黏度值

试验温度/℃	混合料可施工时间/min	环氧沥青体系黏度值/cP
110	77	3050
120	70	3010
130	52	2940

通过表 6.7 可以看出，不同温度下混合料可施工时间界限值对应的环氧沥青体系黏度值都在 3000 cP 左右，因此，EP-POE/As 混合料适宜压实的环氧沥青体系黏度的控制值上限为 3000 cP，即要求环氧沥青混合料在体系黏度达到 3000 cP 之前完成碾压。

根据第 3 章中已经建立的环氧沥青体系黏度增长模型，通过计算得到了不同温度下的施工容留时间理论值与实测的施工容留时间对比结果，具体如表 6.8 所示。

表 6.8　不同温度下环氧沥青混合料施工容留时间理论值与实际测试值对比

试验温度/℃	施工容留时间理论值/min	施工容留时间测试值/min
110	87	77
120	73	70
130	53	52

通过表 6.8 可以看出,环氧沥青体系黏度增长模型能较好地拟合固化反应过程中的体系黏度增长情况,较准确地预测在不同温度下的施工容留时间。

文献[148][149]中介绍了美国和日本环氧沥青在不同温度下的施工容留时间,不同类型的环氧沥青混合料施工容留时间如表 6.9 所示。

表 6.9　不同类型的环氧沥青混合料施工容留时间

试验温度/℃	混合料类型	施工容留时间/min
120	美国环氧沥青	60
120	EP-POE/As	70
160	日本环氧沥青	>90

通过表 6.9 可以得出,在 120℃施工温度下,EP-POE/As 的施工容留时间长于美国环氧沥青;而日本环氧沥青由于体系黏度较大,故施工温度要求较高,其施工容留时间长于 EP-POE/As。

6.4　环氧沥青混合料强度增长特性研究

环氧沥青中当 A、B 组分混合时,就开始发生环氧固化反应,根据化学反应动力学原理可知,提高温度可以加速反应进程,降低温度可以延缓甚至停止反应进程。本书制备的环氧沥青由于采用的是酸酐类的固化剂,其属于高温类固化剂,对反应温度有一定的要求,当反应温度过低时,可能引起反应过缓或者不反应,从而影响固化物的性能。环氧沥青固化反应的程度可以通过环氧沥青混合料的强度来反映,当反应温度高,则固化反应速度快,反应程度完全,混合料强度增长迅速,且最终固化物强度高;当反应温度低,则固化反应缓慢或不反应,反应程度不完全,混合料强度增长缓慢或者不增长,且最终固化物强度低。环氧沥青混合料摊铺完成后即暴露于自然环境中,其强度增长受自然环境温度变化的影响。本书通过分析不同养护温度(40℃、50℃、60℃)下的环氧沥青混合料劈裂强度增长规律,来研究养护温度和养护时间对环氧沥青混合料强度形成的影响。不同养护温度下,环氧沥青混合料的劈裂强度增长趋势如图6.6所示;不同养护条件下,环氧沥青混合料最终劈裂强度如图6.7所示。

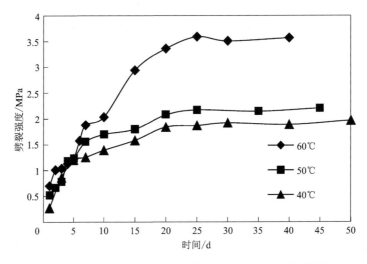

图6.6　不同养护温度下环氧沥青混合料的强度与时间的关系

　　通过图6.6、图6.7可以看出,不同养护温度下环氧沥青混合料的劈裂强度增长趋势相同,强度随着养护时间的延长逐渐增加,且强度增长幅度随着时间的延长逐渐变缓,最后几乎不增长。不同养护温度下,劈裂强度增长趋于平缓的时间点基本相同,都在25 d左右,但最终固化物的强度差别较大。60℃养护条件下的混合料的劈裂强度最大,与50℃养护条件下混合料的劈裂强度相比,提高了67%,且略高于120℃养护条件下4 h的混合料劈裂强度。这可能是由于环氧添加剂中含有易挥发性成分,在高温条件下,固化反应迅速,达到挥发物质的沸点时挥发物以气体形式排出,导致结构中留有气孔,影响固化物性能;而在60℃养护条件下,固化反应较缓慢,未达到挥发物质的沸点,挥发物物质仍保存在结构中。根据反应的时温等效原理可以发现,试件60℃养护

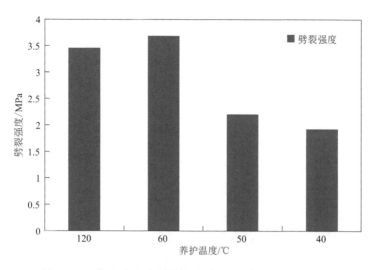

图 6.7　环氧沥青混合料最终劈裂强度与养护温度的关系

7d 的强度值与 50℃养护 17d 和 40℃养护 27d 的强度值相当。以 60℃养护条件下的劈裂强度为最终强度值，得出 50℃和 40℃养护条件下最终固化反应程度分别为 59.9% 和 52.3%。

为了分析不同温度和养护时间下劈裂强度的增长特性，本书采用反应动力学结合复合材料力学模型来描述不同时间下的强度演变规律。对于交联体系，模量与交联密度的关系如下：

$$G = \frac{\rho_{\mathrm{P}} RT}{<M_c>_n} = NkT \tag{6.1}$$

式中：ρ_{P} 为交联体系的密度；$\dfrac{1}{<M_c>_n}$ 为相邻交联点间的数均相对分子质量，用来表示交联点密度；T 为温度；R 为普式气体常数；N 为由相邻两个交联点间构成的大分子链段的数目，与交联点近似为正比例关系；k 为波尔兹曼常数。

可见在恒温条件下，交联聚合物的强度就只与交联密度（N）有关，而交联密度则与固化反应程度紧密相关。在环氧树脂固化时，其遵循的动力学方程如下：

$$\frac{\mathrm{d}\alpha}{\mathrm{d}t} = k(T) \cdot (1-\alpha)^n \tag{6.2}$$

式中：a 为固化反应程度；$k(T)$ 为反应速率常数，只与温度有关；n 为反应级数，在本书中不考虑扩散作用，均为一级化学反应。

通过积分，可以得到固化反应程度与时间的关系（$n=1$）：

$$\alpha = 1 - e^{-k(T)t} \tag{6.3}$$

由于交联点间的分子链段数 N 约等于 $2N_0 \cdot a$，则：

$$G = 2N_0 \cdot \alpha \cdot k \cdot T \tag{6.4}$$

式中：N_0 为初始参加反应的环氧树脂的环氧官能团的摩尔数。

对于环氧沥青混合料，其强度的形成过程仅与环氧沥青固化程度有关，而集料对整个环氧沥青混合料强度的贡献是不变的。环氧沥青的强度则根据动力学过程和热力学原理，随时间和温度变化而变化。因此，在同等试验条件下，马歇尔劈裂强度实际上随温度变化的就只与环氧树脂的固化程度有关，用数学公式表示如下：

$$\sigma_{sp} = q\sigma_{EP} \tag{6.5}$$

式中：q 为常数。

对于劈裂试验中的试件，其几何形状几乎完全一致，测试时破坏位置也基本一致时，环氧沥青混合料试件相同位置处的劈裂强度与模量的关系可以简要概括如下：

$$\sigma_{sp} = G_{sp} \cdot f(a, h, R, r) \tag{6.6}$$

式中：σ_{sp} 为劈裂强度；G_{sp} 为劈裂模量；a 为试样加载宽度；h 为试样高度；R 为试样半径；r 为计算点与中心处的距离。

这里假定试样断裂时应力-应变的关系在线弹性范围内。当测试时断裂位置均一样时，$f(a, h, R, r)$ 为常数。

将式（6.3）代入式（6.4），然后代入式（6.6），最后再代入式（6.5），得到如下结果：

$$\sigma_{sp} = q \cdot 2N_0 \cdot [1 - e^{-k(T) \cdot t}] \cdot k \cdot T \cdot f(a, h, R, r) \tag{6.7}$$

式（6.7）为试件的劈裂强度与时间和温度的关系。由于 $q \cdot 2N_0 \cdot k \cdot f(a, h, R, r)$ 为不变值，记为 Γ，则式（6.7）可简化为下式：

$$\sigma_{sp} = \Gamma \cdot [1 - e^{-k(T) \cdot t}] \cdot T \tag{6.8}$$

分别代入不同温度到式（6.8）中，然后对图6.6中的图形进行拟合。结果如下：

$$40℃，\sigma_{sp} = 1.89(1-e^{-0.166t}) \tag{6.9}$$

$$50℃，\sigma_{sp} = 2.13(1-e^{-0.17t}) \tag{6.10}$$

$$60℃，\sigma_{sp} = 3.85(1-e^{-0.091 \cdot t}) \tag{6.11}$$

其拟合的图形如图 6.8 所示。

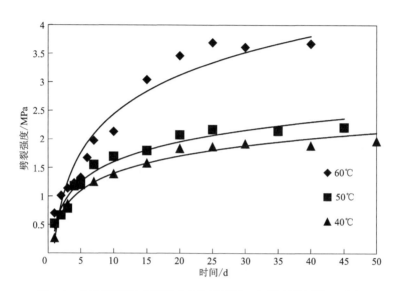

图 6.8　环氧沥青混合料强度实际增长情况与模型预测情况对比

通过图 6.8 可以看出，采用式(6.8)拟合的数据与实测的试件劈裂强度的数据吻合较好，能较好地预测环氧沥青混合料强度随养护时间、温度增长的情况。

6.5　小结

本章首先分析了不同制备工艺对环氧沥青混合料性能的影响；通过测试不同环氧沥青体系黏度下成型的马歇尔试件的稳定度和空隙率并结合规范对马歇尔试件性能的要求确定了体系黏度控制值，通过建立的体系黏度增长模型预测了环氧沥青不同养护温度下的施工容留时间，且进行了试验验证；最后分析了不同养护温度下，环氧沥青混合料强度的增长规律，得出了以下结论。

(1)不同的制备工艺对环氧沥青混合料的强度及水稳定性影响较小,对环氧沥青混合料的韧性有较大影响。采用先将 A、B 组分混合均匀后再投入集料中共同拌和的制备工艺:抗弯拉应变提高了 25.9%,抗弯拉强度提高了 9.26%,劲度模量降低了 13.2%。

(2)基于 Arrhenius 公式建立的环氧沥青黏度随温度时间增长的模型能很好地拟合环氧沥青体系黏度的增长情况,比较准确地预测不同温度下的施工容留时间。

(3)时间、温度对环氧固化反应的进行及强度形成有较大影响,养护温度越高,环氧沥青固化反应越迅速,固化物强度增长越快,反应程度越高。

(4)根据环氧树脂固化动力学原理建立的环氧沥青混合料强度增长方程,能较准确地预测环氧沥青混合料的强度增长规律。

第 7 章
结论与展望

7.1　主要结论

为了解决环氧树脂与沥青相容差、环氧沥青固化物脆性高、柔韧性较差的问题，本书通过在沥青中加入 POE 弹性体来增强环氧沥青体系韧性，通过加入酚类化合物来改善环氧树脂和沥青间的相容性，并对制备出的环氧沥青进行了流变性能、路用性能和施工性能的研究，得到了以下结论。

（1）环氧沥青体系中，沥青用量对环氧固化物拉伸强度、延伸率及环氧沥青共混物体系黏度的影响程度是占主导的；随着沥青用量的增加，环氧沥青固化物拉伸强度迅速降低，当沥青用量从 350 份增加至 450 份，增加了 28.6%，环氧沥青固化物强度下降了 68.4%，环氧沥青共混物体系黏度达到 1000 cP 的时间和值提高了 20%。固化物 25℃的延伸率和值提高了 11%，−10℃的延伸率和值降低了 13.2%。

（2）酚类化合物可以有效地降低环氧树脂与沥青间的界面张力，使沥青在环氧树脂中分散与稳定，形成性能稳定的混合物。随着相溶剂用量的增加，沥青颗粒分散得更均匀；但相溶剂的过量增加，会降低环氧沥青固化物的力学性能，其最佳掺量的确定与相溶剂的分子结构及其在沥青和环氧树脂中的溶解度有关。通过正交试验，确定了环氧沥青的最佳配比，环氧树脂∶固化剂∶沥青∶相溶剂∶增韧剂∶稀释剂 = 100∶100∶450∶60∶6∶2。

（3）POE 作为增韧剂，提高了环氧沥青固化物的柔韧性，尤其是低温韧性，且不会影响环氧固化体系的交联化程度，有效地解决了普通环氧树脂固化物较硬、较脆的问题。POE 弹性体对环氧固化体系增韧的方式：在环氧固化体系中，以椭球形结构均匀分散在环氧树脂构成的连续相中，且固化反应温度越高，POE 在固化体系中的颗粒粒径越小，分散得越均匀。

（4）环氧沥青固化反应存在一个 25~30 min 的诱导期，在诱导期内环氧沥青的体系黏度随温度增长较小或者几乎不变。当度过诱导期后，其体系黏度近似指数函数增长，且随着反应温度的升高，体系黏度增长速率不断提高。温度对反应速率的影响遵循 Arrhenius 公式；POE 的加入并未显著改变环氧沥青的凝胶化时间，从而保证了相应的施工容留时间。

（5）环氧沥青和普通沥青体系黏度随温度变化的规律均遵循 Andrade 黏度经验公式；环氧树脂的加入降低了沥青体系黏度对温度的敏感性，而 POE 的加入进一步降低了材料的温度敏感性；通过 $G^*/\sin d$－温度关系曲线，证明了环氧树脂的加入能够提高沥青体系的高温抗永久变形能力，对比三种材料达到 $G^*/\sin d = 1\text{kPa}$ 时所对应的温度发现，环氧树脂的加入使普通沥青体系对应的温度提高约 9℃，而 POE 的加入使 EP-As 体系对应的温度提高约 11℃，进一步提高了环氧沥青的高温抗永久变形能力。

（6）对于 EP-As 体系，当温度较低（30℃）时，G'、G'' 在低频区相交，出现了以弹性特征为主向黏性特征为主转变的黏弹行为变化。当温度进一步升高至 40℃时，两者的相交点出现在更高的频率；当温度为 50℃时，在所有测试的频率范围内都表现为以黏性为主的黏弹特性。而对于 EP-POE/As 体系，在较低温度（30℃、40℃）时均是弹性特征占主导地位；温度为 50℃时，G'、G'' 出现了相交的情况，表明其开始展现以黏性特征为主的黏弹特性。相对于未改性环氧沥青，POE 的加入使得体系的弹性特征更加显著。

（7）通过 POE 对环氧沥青进行改性，可以在一定程度上改善环氧沥青的抗拉强度、柔韧性能，在-10℃、0℃、25℃条件下，POE 的加入使环氧沥青的延伸率分别提高了 20%、7.4% 和 5.9%，拉伸强度分别提高了 8.8%、8.6% 和 2.5%。

（8）Burgers 本构模型能够很好地模拟黏弹性沥青体系在低温长时间（$t \geq 8$ s）应力作用下的蠕变特性和高温长时间（$t \geq 10$ s）应力恢复的情况。环氧树脂能增加沥青体系的弹性和黏性模量，在相同荷载作用下，其产生变形值更小；而 POE 的加入，使得环氧沥青材料 Burgers 本构模型参数 E_1、E_2、h_2、h_3 值都有所提高，证明了 POE 的加入能降低环氧沥青的蠕变柔量。

（9）普通沥青材料在较低的温度条件下，具有较多模量和较强的蠕变恢复能力，随着温度的升高，其模量减少，当撤除作用荷载后，基本不产生瞬时弹性恢复和延迟弹性变形恢复；环氧沥青材料在相同的温度范围内表现出更多的模量和更强的蠕变恢复能力，随着温度的升高，其黏性模量（储能模量）和弹性模量（损耗模量）均下降，但仍保持了较高的水平。POE 的加入能提高环氧沥青在高温条件下抵抗变形的能力和蠕变恢复率。

（10）POE 的加入，使环氧沥青混合料的稳定度和劈裂强度都提高了约10%，−15℃下的弯曲应变能提高了 16.7%，70℃下的动稳定度提高了 22.9%，且对于环氧沥青混合料疲劳性能的提高明显。随着应变水平的提升，其提高幅度越大。而且，POE 的加入能减缓沥青混合料的疲劳衰变速率。

（11）不同的制备工艺对环氧沥青混合料的强度及水稳定性影响较小，对环氧沥青混合料的韧性有较大影响。采用先将制备环氧沥青的 A、B 组分混合均匀后再投入集料中共同拌和的制备工艺：抗弯拉应变提高了 25.9%，抗弯拉强度提高了 9.26%，劲度模量降低了 13.2%。

（12）Andrade 黏度经验公式结合 Arrhenius 公式建立的环氧沥青体系黏度随温度时间的增长模型，在一定条件下（诱导期过后）能很好地拟合环氧沥青体系黏度的增长情况，比较准确地预测不同温度下的施工容留时间。

（13）时间、温度对环氧固化反应的进行及强度形成有较大影响，养护温度越高，环氧沥青固化反应越迅速，固化物强度增长速度越快，反应程度越高。根据环氧树脂固化动力学原理建立的环氧沥青混合料强度增长方程，能较准确地预测环氧沥青混合料的强度增长规律。

7.2　主要创新点

（1）采用 POE 弹性体对环氧沥青进行改性，其结果证明 POE 弹性体能有效地改善环氧沥青的高温稳定性、低温韧性和抗疲劳开裂能力。

（2）采用酚类化合物作为环氧沥青相溶剂，其结果证明酚类化合物可以有效地降低环氧树脂与沥青间的界面张力，使沥青在环氧树脂中分散与稳定，形成性能稳定的混合物。

（3）采用 Andrade 黏度经验公式和 Arrhenius 公式，建立了 POE 改性环氧沥青体系黏度随温度时间变化的增长模型,并能够很好地拟合环氧沥青体系黏度的增长情况,比较准确地预测不同温度下的施工容留时间。

(4)基于 Burgers 本构模型和 WLF 方程,提出了用于预测 POE 改性环氧沥青蠕变性能的公式,能够有效地预测材料在长时间应力作用下的蠕变特性。

(5)依据环氧树脂固化反应动力学原理建立了 POE 改性环氧沥青混合料强度增长方程,能较准确地预测 POE 改性环氧沥青混合料的强度增长情况。

7.3 展望和建议

为了解决环氧树脂与沥青相容性较差、固化物柔韧性较差的问题,本书将酚类化合物作为相溶剂,在沥青中加入 POE 弹性体,制备了一种环氧沥青,并对其制备工艺、流变性能、路用性能、施工性能进行了研究。但是由于本人的个人能力、专业水平以及试验条件和研究时间的限制,本书的一些研究内容需要进一步地深入和完善。

(1)本书对于环氧沥青材料进行的研究都是在试验室完成的,缺少实体工程的验证。在工程实际应用中,材料的制备、施工、养护都和试验室的模拟存在一定的差异,希望有机会在实体工程中检验其性能。

(2)本书采用自制的酸酐类固化剂,其在 120℃条件下与环氧树脂的固化反应速度较慢,保证了一定的施工容留时间,但是日本环氧沥青容许的施工条件更为宽松(温度要求为 160～190℃,容留时间>120 min),因此,可以通过进一步改善固化剂、树脂等材料的性能,来提高环氧沥青施工性能。

(3)随着科技的发展,可以借助于其他试验设备和试验方法如透射电镜、原子力显微镜等,对材料的微观结构、固化反应过程以及集料和石料的结合性能进行分析。

参考文献

［1］ 黄卫.大跨径桥梁钢桥面铺装设计理论与方法［M］.北京：中国建筑工业出版社，2006.

［2］ Chen X H，Huang W，Qian 2 D. Interfacial behaviors of expoxy asphalt surfacing on steel decks［J］. Journal of Southeast University（English Edition），2007，23（4）：594-598.

［3］ Chen Z M，Kang Y，Min Z H，et al. Preparation of and characterization of epoxy asphalt binder for pavement of steel deck bridge［J］. Journal of Southeast University（English Edition），2006，22（4）：553-558.

［4］ 张平.环氧沥青及混合料试验研究［D］.长沙：长沙理工大学，2009：1-4.

［5］ Manfred E，Siegfreied S. Reliability of pavement on steel bridge with orthotropic plates［J］. Berichte der Bubdesanstalt fur Straβenwesen，2000：12-17.

［6］ 茅荃.大跨径钢桥桥面铺装力学特性研究［D］.南京：东南大学，2000：1-5.

［7］ 吕伟民.热拌高强沥青混凝土的配制原理及其力学特性［J］.同济大学学报，1995，23（5）：519-523.

［8］ 王晓，程刚，黄卫.环氧沥青混凝土性能研究［J］.东南大学学报（自然科学版），2001，31（6）：1-4.

［9］ 吕伟民，郭忠印，黄彭，等.冷拌环氧沥青混凝土的特性及其应用［J］.华东公路，1996（2）：64-68.

［10］ 黄卫，钱振东，程刚，等.大跨径钢桥面环氧沥青混凝土铺装研究［J］.科学通报，2002，47（24）：1894-1897.

［11］ 闵召辉，黄卫，王晓.环氧沥青混凝土钢桥面铺装层温度应力研究［J］.公路交通科技，2003，20（4）：12-15.

［12］ 黄卫，钱振东，程刚.环氧沥青混凝土在大跨径钢桥面铺装中的应用［J］.东南大学学报（自然科学版），2002，32（5）：783-787.

[13] 公路沥青路面设计规范(JTG D50—2006)[S].北京：人民交通出版社，2006.

[14] 韩道均，李海鹰，张华.厦门海沧大桥钢桥面铺装的设计与实施[J].公路，2001，1(1)：6-10.

[15] 赵锋军.大跨径钢箱梁桥面沥青铺装设计方法研究[D].长沙：湖南大学土木工程学院，2012：20-34.

[16] 樊叶华，程刚，王建伟.浇注式沥青混凝土钢桥面铺装施工工艺试验研究[J].公路，2003，12(12)：13-16.

[17] 李智，钱振东.典型钢桥面铺装结构的病害分类分析[J].交通运输工程与信息学报，2003，4(2)：110-115.

[18] Rebbechi J J. Epoxy Asphalt Surfacing of West Gate Bridge[J]. Australia Road Research Board. Arrb Proceeding, 1980, 10: 136-146.

[19] Mika T F. Polyepoxied compositions [P]. USP3012487. 1961.

[20] Bradely L. Compositions containing epoxy esters and bitumous materials[P]. USP3015635. 1962.

[21] Simpson L. Surfacing composition a mixture of a polyepoxide, a polyamide and a petroleum derived bitumous material[P]. USP3105771. 1963.

[22] Hayashi I. Asphalt composition [P]. USP4139511. 1979.

[23] Doi H. Process for preparing of asphalt-epoxy resin composition [P]. USP4162998. 1979.

[24] Hijkata S. Epoxy resin-bitumen material composition [P]. USP4360606. 1982.

[25] Gallagher K P, Vermilion. Thermosetting asphalt[P]. USP5576363. 1996.

[26] Gallagher K P, Vermilion. Thermosetting asphalt having continuous phase polymer[P]. USP5604274. 1997.

[27] Herrington P R, Wu Y, Forbes M C. Rheological modification of bitumen with maleic anhydride and dicarboxylic acids [J]. Fuel, 1999, 78(1): 101-110.

[28] http://www.chemcosystems.com/epoxy_gb.html.

[29] Seim C. Skid resistance of epoxy asphalt pavements on california toll bridges[J]. ASTM Special Technical Publication, n STP 530, 1972: 41-59.

[30] Masaskazu M, Teruo S. Mechanical properties of epoxy resin – aggregate – mixtures [J]. Architecture science institute report symposium, 1976: 32-38.

[31] Masaskazu M, Teruo S. Stress relaxation modulus of epoxy asphalt mixture[J]. Architecture science institute report symposium, 1978: 56-64.

[32] 间山正一，佐川一行.土木学会第 30 回年次学会演讲会演讲概要集，第 5 部.

1975；227.

[33] 间山正一.第7回石油化学讨论会予稿集. 1976：37.

[34] 间山正一.石油学会杂志, 第21卷, 第1号. 1978：68.

[35] http：//www. pageinsider. com/watanabegumi. co. jp.

[36] 东南大学交通学院桥面铺装课题组.润扬长江公路大桥钢桥面铺装技术研究报告[R].内部资料, 2005：40-50, 74-78.

[37] 宗海.环氧沥青混凝土钢桥面铺装病害修复技术研究[D].南京：东南大学交通学院, 2005：30-36.

[38] 杨金泽, 邱垂德.钢床板铺面材料特性研究[C]//沥青混凝土配比设计与施工. 台北：财团法人台湾营建研究院, 2000：1-25.

[39] 王辉, 任亚宁. 崇启大桥环氧沥青混凝土铺装对钢桥面板疲劳应力幅的影响研究[J]公路工程, 2015, 40(1)：90-92.

[40] 重庆市志翔铺道技术工程有限公司. 广东佛山平胜大桥钢桥面铺装工程施工组织方案[Z].内部资料, 2006, 5-6.

[41] 荆岳长江公路大桥建设指挥部. 荆岳长江公路大桥桥面高性能沥青混凝土铺装初步设计方案[Z].内部资料, 2009.20-24.

[42] 蒋玲.环氧沥青混合料应用研究现状和发展趋势[J]. 化工新型材料, 2010, 38(9), 34-36.

[43] 南京长江第二大桥建设指挥部.南京长江第二大桥钢桥面铺装材料试验研究报告[R].内部资料, 2000, 12：28-29.

[44] 吕伟民, 郭忠印.高强沥青混凝土的配制与性能[J].中国公路学报, 1996, 9(1)：8-13.

[45] 吕伟民.热拌高强沥青混凝土的配制原理及其力学特性[J].同济大学学报, 1995, 23(5)：519-523.

[46] Kang Y, Wang F L, Chen Z M. Reaction of asphalt and maleic anhydride：Kinetics and mechanism[J]. Chemical Engineering Journal, 2010, 164：230-237.

[47] 亢阳, 陈志明, 闵召辉, 等. 顺酐化在环氧沥青中的应用[J].东南大学学报(自然科学版), 2006, 36(2)：308-311.

[48] 亢阳. 高性能环氧树脂改性沥青材料的制备与性能表征[D].南京：东南大学化工学院, 2006, 29-36.

[49] 贾辉, 陈志明, 亢阳, 等. 高性能环氧沥青材料的绿色制备技术[J]东南大学学报(自然科学版), 2008, 38(3)：496-499.

[50] 黄坤，夏建陵，李梅，等.热固性环氧沥青材料、制备方法及其专用增溶剂[P].中国专利.1952012，2007-04-25.

[51] 陈栋，杨隽，周立民，等.新型环氧沥青增容剂的合成与表征[J].应用化学，2013，42(2)：313-319.

[52] 晏英，肖新颜，刘武，等.有机蒙脱土/环氧树脂复合改性沥青的性能[J].高分子材料科学与工程，2015，31(4)：52-56.

[53] 周威，赵辉，文俊，等.柔性固化剂对环氧沥青结构和性能影响的研究[J].武汉理工大学学报，2011，33(7)：28-31.

[54] Yu J Y，Cong P L，Wu S P. Laboratory investigation of the properties odf asphalt modified with epoxy asphalt[J].Journal of Applied Polymer Science，2009，113：3557-3563.

[55] 丛培良，余建英，吴少鹏.环氧沥青及其混合料性能的影响因素[J].武汉理工大学学报，2009，31(19)：7-10.

[56] Yu J Y，Cong P L，Chen S F. Effects of Epoxy Resin Contents on the Rheological Properties of Epoxy-Asphalt Blends[J].Journal of Applied Polymer Science，2010，118：3678-3684.

[57] 张争奇，张苛，李志宏，等.环氧沥青混凝土增柔增韧改性技术[J].长安大学学报(自然科学版)，2015，35(1)：1-7.

[58] 钱振东，刘长波，唐宗鑫，等.短切玄武岩纤维对环氧沥青及其混合料性能的影响[J].公路交通科技，2015，32(6)：1-5.

[59] 闵召辉，王晓，黄卫.环氧沥青混凝土的蠕变特性试验研究[J].公路交通科技，2004，21(1)：1-3.

[60] 罗桑，钱振东.环氧沥青混凝土铺装表面特性试验研究[J].北京工业大学学报，2012，28(2)：219-222.

[61] 罗桑，钱振东，Harvey J. 环氧沥青混合料疲劳衰变特性试验[J].中国公路学报，2013，26(2)：20-25.

[62] 薛连旭.基于疲劳特性的环氧沥青混合料设计研究[D].广东：华南理工大学，2011：104-107，83-92.

[63] 闵召辉，黄卫.环氧沥青的黏度与施工性能研究[J].公路交通科技，2006，23(8)：5-8.

[64] 罗桑，钱振东，沈佳林，等.环氧沥青流变模型及施工容留时间研究[J].建筑材料学报，2011，14(5)：630-633.

[65] 黄明，黄卫东.摊铺等待时间对环氧沥青混合料性能的影响[J].建筑材料学报，2012，15(1)：122-125.

[66] 曹雪娟，唐伯明. 热分析动力学研究环氧沥青混凝土的固化条件[J]. 公路交通科技，2008, 25 (7)：17-20.

[67] 钱振东，王亚奇，沈家林. 国产环氧沥青混合料固化强度增长规律研究[J]. 中国工程科学，2012, 14 (5)：90-95.

[68] 吴培熙，张留成. 聚合物共混改性[M]. 北京：中国轻工出版社，1996.

[69] Hiromitsu N, Takara O, Koji G. The Structural Evaluation for an Asphalt Pavement on Steel Plate Deck[J]. World of Asphalt Pavement, sessin 2B, Sydney, 2000, 2：136-141.

[70] 傅珍，延西利，蔡婷，等. 三角形坐标系下沥青组分与黏度、粘附性关系[J]. 交通运输工程学报，2014, 14(3), 1-7.

[71] 闵召辉. 热固性环氧树脂沥青及沥青混合料开发与性能研究[D]. 南京：东南大学，2004：17-18.

[72] 蔡婷，马君毅. 沥青组分试验的研究与分析[J]. 山西建筑，2005, 3(6)：111-112.

[73] 陈华鑫，贺孟霜，纪鑫和，等. 沥青性能与沥青组分的灰色关联分析 [J]. 长安大学学报(自然科学版)，2014, 34(3)：1-6.

[74] 公路工程沥青及沥青混合料试验规程(JTG E20—2011)[S]. 北京：人民交通出版社，2011.

[75] 孙曼灵. 环氧树脂应用原理与技术[M]. 北京：机械工业出版社，2003：14-31, 111-159, 268-271.

[76] 曹雪娟，郝增恒，皮育晖. 环氧沥青混凝土材料及其性能试验研究[J]. 公路交通技术，2006(5)：37-39.

[77] 白玉光，关颖. 新型弹性体 POE 及其应用技术进展[J]. 弹性体，2011, 21(2)：85-90.

[78] 周琦，王勇，邱桂学. POE 在塑料增韧改性中的应用进展[J]. 弹性体，2007, 17(1)：66-70.

[79] 刘瑞江，张业旺，闻崇炜，等. 正交试验设计和分析方法研究[J]. 实验技术与管理，2010, 27(9)：52-55.

[80] 胶粘剂　拉伸剪切强度的测定(GB/T7124—2008/ISO 4587：2003)[S]. 北京：中国标准化出版社，2008.

[81] 建筑防水涂料试验方法(GB/T 16777—2008)[S]. 北京：中国标准化出版社，2008.

[82] Jongepier R, Kuilman B. The dynamic shear modulus of bitumens as a function of frequency and temperature[J]. Rheologica Acta, 1970, 9(1)：102-111.

[83] Stastna J, Zanzotto L, Vacin O J. Viscosity function in polymer-modified asphalts[J]. Journal of Colloid and Interface Science, 2003, 259(1)：200-207.

[84] Sayir M B, Hochuli A, Partl M N. Measuring the complex viscosity of bitumen in the kHz range with a new resonance rheometer[C]. Workshop Briefing, Euro-Bitume Workshop. 1999: 99-102.

[85] Cheung C Y, Cebon D A. Experimental study of pure bitumens in tension[J]. compression and shear, 1997, 41: 45-73.

[86] Ossa E A, Deshpande V S, Cebon D. Phenomenological model for monotonic and cyclic behavior of pure bitumen[J]. Journal of materials in civil engineering, 2005, 17(2): 188-197.

[87] Karlsson R, Isacsson U, Ekblab J. Rheological characterization of biyumen diffusion[J]. J mater Sd, 2007, 42: 101-108.

[88] Lesueur D, Little D. Effect of hydrated lime on the rheolohy, fracture and ageing of bitumen [J]. Transp Res Rec, 1999, 1661: 93-100.

[89] Delaporte B, DiBensdetto H, et al, Gauthier G. Linear viscoelastic properties of bituminous materials: from binders to mixes[J]. Journal of materials in civil engineering, 2008, 19 (3): 48-54.

[90] Martinez-Boza F, Partal P, et al, Gallegos C. Rheology and microstructure of synthetic binders[J]. Rheol Actav, 2001, 40: 135-41.

[91] 张肖宁, 任永利, 迟凤霞. 基于动态频率扫描的环氧沥青混合料性能研究[J]. 华中科技大学学报(自然科学版), 2009, 7: 102-105.

[92] Yang K, Ming Y S, Liang Pu, et al. Rheological behaviors of epoxy asphalt binder in comparison of base asphalt binder and SBS modified asphalt binder[J]. Construction and Building Materials, 2015: 343-350.

[93] Halley P J, Mackay M E. Chemorheology of thermosets—an overview [J]. Polymer Engineering & Science, 1996, 36(5): 593-609.

[94] Gibson A G, Williamson G A. Shear and extensional flow of reinforced plastics in injection molding. I. Effects of temperature and shear rate with bulk molding compound[J]. Polymer Engineering & Science, 1985, 25(15): 968-979.

[95] Martin G C, Tungare A V, Gotro J T. Modeling the chemorheology of thermosetting resins during processing[J]. Polymer Engineering & Science, 1989, 29(18): 1279-1285.

[96] Kojima C J, Hushower M E, Morris V L. Development of a Kinetic Model for Polyimides by Dynamic Mechanical Analysis and Rheometrics Dynamic Spectroscopy[J]. ANTEC 86, 1986: 344-347.

［97］Dusi M R, Lee W I, Ciriscioli P R. Cure Kinetics and Viscosity of Fiberite 976 Resin［J］. Journal of Composite Materials, 1987, 21(3): 243-261.

［98］Roller M B. Rheology of curingthermosets: a review［J］. Polymer Engineering & Science, 1986, 26(6): 432-440.

［99］Knauder E, Kukla C, Poll D. Simulating the Injection Moulding of Fast-Curing Epoxy Resins［J］. Kunststoffe German Plastics, 1991, 81(4): 350-354.

［100］Malkin A Y, Kulichikhin S G, Shambilova G K. Influence of deformation on the phase state of poly (vinyl acetate) solutions［J］. Vysokomol. Soedin., Ser. B (in Russian), 1991, 33: 228-231.

［101］Lane J W, Khattak R K. Correlation between dielectric cure models andrheometric viscosity［J］. SPE ANTEC Technical Papers, 1987, 33: 982.

［102］Ronald G. The Structure and Rheology of Complex Fluids［M］. New York, Published in the United States of America by Oxford University Press, 1999: 52-74.

［103］Halley P J, George G A. Chemorheology of PolymersFrom Fundamental Principles to Reactive Processing［M］. New York, Published in the United States of America by Cambridge University Press, 2009: 125-146.

［104］周持兴. 聚合物流变实验与应用［M］. 上海：上海交通大学出版社, 2003.

［105］Roberts F L, Kandhal P S, Brown E R, et al. Hot mix asphalt materials, mixture design and construction［M］. Maryland, National Asphalt Pavement Association Research and Education Foundation, 1996: 102-123.

［106］Bahia H U, Anderson D A. The new proposed rheological properties of asphalt binders: why are they required and how do they compare to conventional properties［M］. ASTM International, Physical properties of asphalt cement binders, 1995: 23-57.

［107］Cardone F, Ferrotti G, Frigio F, et al. Influence of polymer modification on asphalt binder dynamic and steady flow viscosities［J］. Construction and Building Materials, 2014, 71: 435-443.

［108］Christensen R M. Theory of Viscoelasticity, Civil, Mechanical and Other Engineering Series［J］. Dover Civil and Mechanical Engineering, 2010, 8: 14-18.

［109］Ferry J D. Viscoelastic properties of polymers［M］. John Wiley & Sons, 1980.

［110］张肖宁. 沥青与沥青混合料的黏弹力学原理及应用［M］. 北京：人民交通出版社, 2006.

［111］刘立新. 沥青混合料黏弹性力学及材料学原理［M］. 北京：人民交通出版社, 2006.

[112]Didier L. The colloidal structure of bitumen：Consequences on the rheology and on the mechanisms of bitumen modification[J]. Advances in Colloid and Interface Science，2009：42-82.

[113]丛培良，陈拴发，陈华鑫. 环氧沥青混合料设计及性能研究[J].公路，2012(10)：167-171.

[114]张肖宁，张顺先，徐伟，等. 基于使用性能的钢桥面铺装环氧沥青混凝土设计[J].华南理工大学学报(自然科学版)，2012，40(7)：1-7.

[115]谢臻，曹雪娟，朱洪洲，等. HDP环氧沥青混合料设计方法及成型工艺研究[J].重庆交通大学学报(自然科学版)，2013，32(3)：1-7.

[116]黄明，黄卫东. 级配对环氧沥青混合料高温性能的影响[J].公路交通科技(应用技术版)，2008，25(9)：73-79.

[117]袁玲. 环氧沥青混合料级配优化设计及性能分析[J].广东公路交通，2015，141(6)：26-30.

[118]朱义铭. 国产环氧沥青混合料性能研究[D].南京：东南大学，2006：13-18.

[119]徐伟，黄红明，周源，等. 新型环氧沥青混合料(N-EA)和黏结剂性能试验评价研究[J].公路工程，2014，39(1)：50-53.

[120]Petersen J C, Robertson R E, Branthaver J F. Binder characterization and evaluation test methods[R]. Washington：National Research Council，1994：20-26.

[121]葛折圣，黄晓明，许国光.用弯曲应变能方法评价沥青混合料的低温抗裂性能[J].东南大学学报(自然科学版)，2002，32(4)：653-655.

[122]罗桑，钱振东.环氧沥青混凝土铺装材料低温性能研究[J].公路，2012(1)：156-160.

[123]刘阳，钱振东. 环氧沥青与花岗岩集料黏附性研究[J].公路，2014(11)：165-170.

[124]周卫峰. 沥青与集料界面粘附性研究[D].西安：长安大学，2002：45-59.

[125]葛折圣，黄晓明. 沥青混合料应变疲劳性能的实验研究[J].交通运输工程学报，2002，2(1)：34-37.

[126]徐伟，张肖宁. 钢桥面铺装材料黏弹性及疲劳损伤特征的试验研究[J].中南公路工程，2006，31(4)：110-112.

[127]吴旷怀，张肖宁. 沥青混合料疲劳损伤非线性演化统一模型实验研究[J].公路，2007，54：125-129.

[128]陈团结. 大跨径钢桥面环氧沥青混凝土铺装裂缝行为研究[D].南京：东南大学，2006：88-93.

[129]张顺先. 基于使用性能的钢桥面铺装环氧沥青混合料设计研究与疲劳寿命预测[D].

广州：华南理工大学，2013：82-93.

[130] 罗桑. 基于损伤断裂分析的钢桥面铺装层疲劳行为与寿命预估研究[D]. 南京：东南大学，2010：74-96.

[131] 李洪涛. 大跨径悬索桥新型钢桥面铺装结构研究[D]. 南京：东南大学，2006：64-88.

[132] 刘建明，闫亚鹏，李旭，等. 钢桥面铺装环氧树脂沥青混合料性能研究[J]. 中外公路，2013，33(3)：296-299.

[133] 张顺先，张肖宁，徐伟，等. 基于冲击韧性的钢桥面铺装环氧沥青混凝土疲劳性能设计研究[J]. 振动与冲击，2013，32(23)：1-5.

[134] 陈团结，钱振东. 环氧沥青混凝土复合铺装结构疲劳试验研究[J]. 武汉理工大学学报（交通科学与工程版），2012，36(2)：319-323.

[135] 张付军. 大型钢桥面铺装用环氧沥青混合料的疲劳性能研究[D]. 长沙：中南大学，2010：35-47.

[136] 沈金安. 沥青及沥青混合料路用性能[M]. 北京：人民交通出版社，2001.

[137] 荆岳长江公路大桥建设指挥部. 荆岳长江公路大桥桥面高性能沥青混凝土铺装初步设计方案[Z]. 内部资料，2009：12-22.

[138] 长安大学. 广州珠江黄埔大桥钢桥面铺装日本环氧沥青混合料目标配合比设计报告[R]. 内部资料，2008：4-10.

[139] 沥青路面施工技术规范(JTG F40—2004)[S]. 北京：人民交通出版社，2004.

[140] 陈先华，沈桂平，张旭，等. 环氧沥青结合料的流变特性与施工容留时间预测[J]. 公路交通科技，2010，27(6)：29-33.

[141] 王中文，曾利文. TAF 环氧沥青混合料的施工控制[J]. 公路交通科技，2013，30(1)：12-16.

[142] 吴晓青，李嘉禄，康庄，等. TDE-85 环氧树脂固化动力学的 DSC 和 DMA 研究[J]. 固体火箭技术，2007，30(3)：264-268.

[143] 李红，朱艳，宁荣昌，等. 环氧树脂/酸酐固化剂体系的固化动力学及耐热性研究[J]. 粘接，2008，29(9)：12-15.

[144] 林绣贤. 路面材料劈裂模量简化公式的建议[J]. 华东公路，1991，6：24-28.

[145] Zhang P, Ouyang L, Yang L Z, et al. Laboratory Investigation of Carbon Black/Bio-Oil Composite Modified Asphalt. Materials, 2021.

[146] Zhang P, Li Y S. Performance of Epoxy Asphalt Mixture under Different Conditions of Construction Technique[J]. International Journal of Earth Sciences and Engineering, 2016, 9(1)：282-287.

［147］杨侣珍, 张平, 赵锋军. 水泥混凝土桥面环氧覆层铺装设计方法的研究［J］. 中外公路,
　　　2018, 38(1): 64-67.

［148］郭彤, 杨毅, 张平. 环氧沥青流变特性及施工容留时间研究［J］. 中外公路, 2018, 38
　　　(1): 272-275.

［149］Huang T, Li M, Zhang P, et al. Three-Dimensional Failure Criterion of Asphalt Mixtures in
　　　Asphalt Pavement［J］. International Journal of Mechanical Sciences.